발행사

매년
학생들의 작품전이나, 작품집이란
한 학기, 한 해를 마무리하는 성과물이기도 하면서,
나무가 나이테를 두르듯
가르치는 사람이나 배우는 사람 모두에게
또 다음을 준비하는 시작이라는 생각을 해왔다.

그러나 2020년도 2학기 작품집은
내게는 다른 생각을 하게 한다.
내게는 다음의 가르침도
또 다음의 학생도 없다는 것이다.

배움이란 늘 상호작용하는 것이라
교수는 가르치며 ,배우는 것,
학생들은 배우며, 가르치는 것
하지만 이제, 이 작품집을 끝으로 내게는
다음의 학생, 다음의 작품집은 없다.

학생이 없는 교수가
가르침을 통한 배움을 잃을까 두려울 뿐이다.

하지만 속으로 되뇌인다.
이제 자신을 가르치고,
자신에게서 배우자.

2020년의 작품집을 맞아,
학생들에게

결국.
배우고 가르치고,
가르치고 배우는 일은
들숨, 날숨 처럼 살아있는 한 쉼없이,
스스로가 알던, 모르던
죽는 날까지 그칠 수 없다는 것을 말해 주고 싶다.

각자의 작품은 잘된 것일 수도,
잘 못된 것일 수도 있지만,
중요한 것은 교수들과 학생들 사이에
학생들과 학생들 사이에
그리고 스스로와 스스로의 시간 사이에
서로 부딪치고, 나누면서, 함께한
흘린 땀과 부딪친 불꽃들과
그래서 이 모든 사이의 만남을
소중히 간직할 수록 여러분 인생의 작품은
지금보다 더 나아질 것임을
스스로가, 그리고 함께한 우리 서로가
굳게 믿자.

지도하신 교수님들.
준비위원들
그리고 스스로를 자랑스럽게 빚어낸 학생들에게 감사한다.
가천대학교 실내건축학과를 잊지말자.

2020.12.07.
가천대학교 실내건축학과 교수 이 정 욱

두 번째 초상화

영화 <타오르는 여인의 초상>에서 마리안느는 엘로이즈의 초상화를 두 번 그린다. 나중에 '타오르는 여인의 초상'까지 하면 총 세 번을 그린 것이지만, 여기에서는 앞선 두 초상화만 비교해보려 한다.

첫 번째 초상화가 마리안느의 일방적인 시선으로 엘로이즈를 타자화해서 그린 초상화라면, 두 번째 초상화는 마리안느와 엘로이즈가 서로 동등하게 주고 받는 시선 속에서 그려진 초상화이다. 첫 번째가 '그리는 자'의 일방적인 관념으로 만들어진 것이라면, 두 번째는 '그리는 자'와 '그려지는 자'의 상호적인 관계가 만들어낸 것이다.

"당신이 본 내가 이랬나요? 나랑 이 초상화는 비슷하지 않아요.
 당신을 닮지도 않아서 슬프네요."

마리안느의 첫 번째 초상화를 본 엘로이즈의 대사였다.

"우린 똑같은 위치에 있어요. 아주 동등한 위치죠. 이리 와요.
 ... 가까이 와요. 봐요. 당신이 날 볼 때 난 누구를 보겠어요? "

마리안느가 두 번째 초상화를 그리고 있을 때, 포즈를 취하고 있는
자신에게로 마리안느를 가까이 오게 하며 질문한 엘로이즈의 대사였다.

영화에서 초상화가 두 번 반복되어 그려지듯, 비발디의 <사계> 중 '여름'도
두 번 반복되어 들려진다. 첫 번째들과 두 번째들은 너무도 다른 질적
차이를 가지고 있다. 처음에는 명료하지 않은 관념과 기억에 의존한
일방향의 묘사였다면, 두 번째는 과거가 마치 현재인 듯 생생하게 재현되고
여전히 체험되는 쌍방향 관계의 묘사였다.

화가가 그림을 그릴 때, 사진작가가 사진을 찍을 때, 그리고 디자이너가
디자인을 할 때 대부분의 경우 그리고 찍고 디자인하는 자들은 무의식
중에 시선의 우위를 점하는 듯 상대방을 자신의 관념틀 안에서 재단하고
대상화한다. 그러나 일방적인 방식으로 재현된 관념들은 대부분 소통되
지 못하며 쌍방향의 관계를 만들어내지 못하게 된다.

특히, 공간을 사용하는 사람들이라는 명확한 소통의 대상을 가진
실내디자인 분야에서 디자이너의 일방향적인 시선은 위험하다.
왜냐하면 공간은 사용자들에게 일상적이고 경험적인 영향을
지속적으로 줌으로써 결과적으로 개인들의 삶의 질과 양상을
좌지우지하기 때문이다. 마리안느와 엘로이즈가 서로를 마주했을 때
좋은 그림이 그려졌듯이, 디자이너의 애정 어린 시선과 소통의 노력이
좋은 디자인을 만들어낼 수 있다. 좋은 디자인을 할 수 있는 첫째
조건은 자신이 하는 일과 대상에 대한 사랑과 열정이라고 생각한다.

자신을 바라보는 상대의 시선에 고개를 돌리지 않고 마주 보는
것에서부터 그림도, 디자인도 시작된다. 그 시선의 의미를 잊지 않기를
학생들에게도 그리고 스스로에게도 당부해본다.

가천대학교 실내건축학과 교수
안 은 희   이 길 호   김 석

contents.

001   - 발행사
004   - 두 번째 초상화

012   **[ ] 에 이끌린 장소, 사이트**

         - [우연] 에 이끌린 장소

         - [지역성] 에 이끌린 장소

         - [논리] 에 이끌린 장소

034   **결을 만드는 [ ] , 콘셉트**

         - 결을 만드는 [새로운 관점]

         - 결을 만드는 [가치]

         - 결을 만드는 [처음]

060   **[ ] 의 표현, 소재**

         - [가치] 의 표현

         - [고유한 성질] 의 표현

         - [추상] 의 표현

086   **형태로 [ ] 을 표현하다, 외부**

         - 형태로 [주변] 을 표현하다

         - 형태로 [개성] 을 표현하다

         - 형태로 [생각] 을 은유하다

116   **[ ] 의 언어, 내부**

         - [미] 의 언어

         - [행위] 의 언어

         - [주목] 의 언어

         - [시선] 의 언어

         - [방향] 의 언어

154   - summary.

172   - editors.

[   ]

공간, 空間, 빈 사이라는 의미처럼 공간은 빈칸을 닮았습니다.
비어 있기에 우리의 의도로 채울 수 있는 질문입니다.
우리 모습도 빈칸과 닮아 있습니다. 아직 학생이기에
그 부족함을 배움으로, 각자의 색으로 채워가는 과정에 있습니다.
빈칸의 답을 채워 공간을 만드는 학생들의 이야기입니다.
우리의 공간이 사람들에게 닿기를 바랍니다.

[ ]에 이끌린 장소,
사이트

공간은 장소에서 시작됩니다.
브랜드의 아이덴티티나 지역의 특성을 고려하여 선정하고,
때로는 거리를 거닐다 우연히 발견되기도 합니다.
우리는 이곳에 브랜드나 지역성, 고유한 경험을 담습니다.

[우연] 에 이끌린 장소

만남은 '우연히' 시작됩니다. 논리적으로 설명할 수 없지만,
옛날의 추억들과 감각들이 우리의 발길을 돌리기도 합니다.

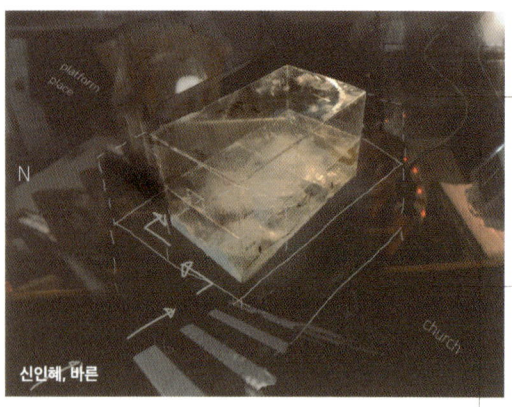

항상 느끼지만 사이트를 한 번에 정하기는 어렵다.
하지만 이번 사이트 선정을 통해 깨달은 것이 있다.
우연적인 느낌이다. 이야기하자면 그 날 나는 3번째
로 정해놓은 곳을 답사하러 '한남동' 일대를 어슬렁
거리고 있었다. 그런데 왠지 모르게 길 맞은편 커다
란 물음표 박스가 날 선정해 달라고 속삭이는 것 같
았다. 한편으로는 맞은편에 있는 물음표 박스 건물이
날 위한 건가라는 생각도 했다. 그래서 나는 그 물음
표 박스를 믿어 보기로 했다.
_ 신인혜, 바른, 서울 한남동

주거공간 내에 있는 외부공간의 필요성에 대해 전달하고 싶어서 이번 상업공간 주제를 식물로 결정했다. 이는 인구 밀도가 높은 도심에 사는 사람들에게 필요하며, 인근에 작은 카페나 주택이 있는 환경이 도움이 될 것 같았다. 마침 2018년 어느 여름 거닐던 골목이 떠올랐고, 주거공간과 개성 있는 식당을 곳곳에서 볼 수 있는 '서울숲' 옆 작은 길가를 사이트로 정했다.
_손민우, 식물의 취향, 서울 성수동

버려지지 않고 순환하는 공간이자 고정되어 있지 않은 공간을 만들고 싶었다. 재생과 공존을 공간에 담기 위해서 '성수동'이라는 지역을 생각했다. 성수역 근처엔 이미 재생 건축을 실현한 건물이 많기 때문에, 성수동 내에 위치한 서울숲으로 사이트를 정해 그곳의 자연을 끌어들이면 좋을 것 같았다.
_손채영, Aesop, 서울 성수동

손채영, Aesop

[지역성] 에 이끌린 장소

공간은 혼자 존재하는 것이 아닌 주변과의 관계 속에 자리 잡습니다.
주변의 자연, 지역에 배어있는 문화와 분위기에 녹아든 곳에서
새로운 공간이 만들어집니다.

헤어숍을 생각했을 때 처음엔 홍대 경의선 책거리를 설정했지만, 내 계획과 맞지 않는 거리의 분위기, 비현실적인 땅값 그리고 헤어숍 부지의 크기 균형 등이 발목을 잡았다. '청담' 헤어숍은 뻔하지만 사람들이 찾는데 이유가 있을 것이다. 익숙하기 때문에 오히려 손님들을 편하게 해주는데 힘을 실어줄 것이다.
_신유근, 려, 서울 청담동

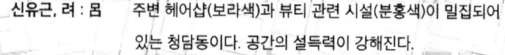

신유근, 려 : 몸   주변 헤어샵(보라색)과 뷰티 관련 시설(분홍색)이 밀집되어
있는 청담동이다. 공간의 설득력이 강해진다.

사이트를 선정할 때 접근성을 신경 썼다. '테헤란로'는 접근성이 좋고 동일 제품군을 찾는 고객들이 방문하기에 편리한 곳이라서 사이트로 알맞다고 생각했다. 게다가 주변에 규모가 큰 건물이 많기 때문에, 일반 상업공간보다 비교적 크기가 큰 내 건물이 위치하더라도 이질감이 없을 것 같았다. 사거리 바로 옆에 올려진 건물은 물성이나 외관을 통해, 카메라에 관심이 없는 사람들에게 공간이 주는 다양한 경험을 제공할 수 있다고 생각에 이 사이트를 선정했다.
_ 이은지, Leica, 서울 역삼동

산더미같이 쌓인 구제 의류들을 지나쳐야 하는 내 사이트는 활기찬 시장과 잔잔한 골목의 경계라고 볼 수 있다. 거칠고, 어수선한 공간들을 차분하게 잡아주면서, 빛을 보지 못하는 공간들을 밝혀주어 '동묘란 이런 것이다.'라고 알려주는 이정표 같은 공간을 만들고자 했다.
_ 이지현, ANTIQUE SHOP, 서울 동묘

[지역성] 에 이끌린 장소

예상했던 것보다 문래동만의 지역성이 짙었다. 낮은 높이와 일정한 틀에 찍어 만든 듯한 똑같은 직육면체 형태, 또한 낡은 콘크리트, 벽돌 그리고 철을 보고 이 지역성에 어떻게 녹아들지 고민했다. 내 매스*는 곡선 형태의 묵직한 매스감이 느껴져 주변 환경과 강한 이질감이 들었다. 그래서 어떻게 하면 문래동의 지역성에 스며들지 고민을 하며 '담'이라는 중간 매개체를 들여왔다.
_ 권병국, FE26, 서울 문래동

전통과 현대가 만나는 곳을 원했다. 한옥마을에서 내려와 한옥과 현대적인 건물이 같이있는 '삼청동'을 택했다. 하지만 도면을 그리는 과정에서 상업공간으로 하기에는 협소한 공간이 만들어져 제대로 된 동선조차 나오지 않았다. 그래서 뒤 블록에 있는 넓은 사이트로 결정하게 됐다.
_ 박민아, 文方四友, 서울 삼청동

매스 (Mass)
덩어리. 건물의 부피감을 보여주는 모양 또는 형태

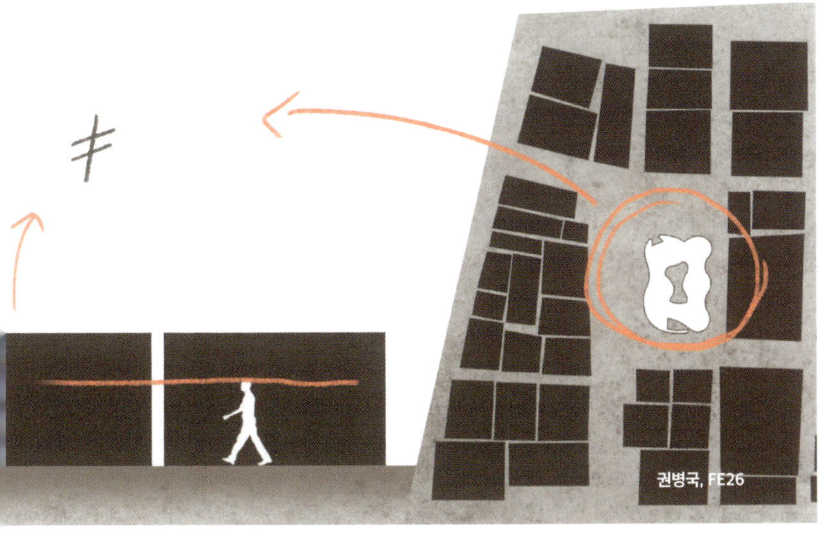

018 | 019

≠

권병국, FE26

[지역성] 에 이끌린 장소

최세빈, 29CM

'사회적 거리두기'로 사람들의 방문 수가 현저히 줄어들었다. 그 와중에 '실내보단 야외'라는 분위기가 형성되면서, 다양한 이유로 한강을 찾는 사람들이 늘어나고 있다. 나도 지난달 한강을 방문했고, 생각보다 많은 사람들이 모여 편히 즐기는 모습을 보았다. 그래서 '한강 부지'를 선정하면 적은 간섭으로 큰 홍보 효과를 누릴 수 있다고 생각했다.
_최석준, 브랜드, 서울 한강

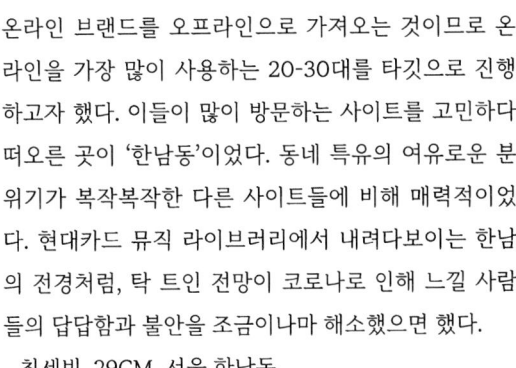

온라인 브랜드를 오프라인으로 가져오는 것이므로 온라인을 가장 많이 사용하는 20-30대를 타깃으로 진행하고자 했다. 이들이 많이 방문하는 사이트를 고민하다 떠오른 곳이 '한남동'이었다. 동네 특유의 여유로운 분위기가 복작복작한 다른 사이트들에 비해 매력적이었다. 현대카드 뮤직 라이브러리에서 내려다보이는 한남의 전경처럼, 탁 트인 전망이 코로나로 인해 느낄 사람들의 답답함과 불안을 조금이나마 해소했으면 했다.
_ 최세빈, 29CM, 서울 한남동

사실 상업 공간 설계에서 사이트라는 영역을 중요하게 여기진 않았다. 처음 찾았던 곳은 가로수길이었는데, 교수님이 가로수길 땅값 이야기를 하셔서 조금 당황한 기억이 있다. 교수님께선 사이트에도 명분과 스토리가 필요하다고 하시면서, 사이트에 담긴 특별함에 대해 이야기를 하시고 싶으셨던 것 같다. 깊은 고민 끝에 결국엔 동선을 고려하여 '가로수길'의 다른 사이트로 정하게 되긴 했지만, 사이트에 대한 나의 안일한 생각을 반성하게 된 것 같다.
_ 최한비, LAKA, 서울 신사동

[지역성] 에 이끌린 장소

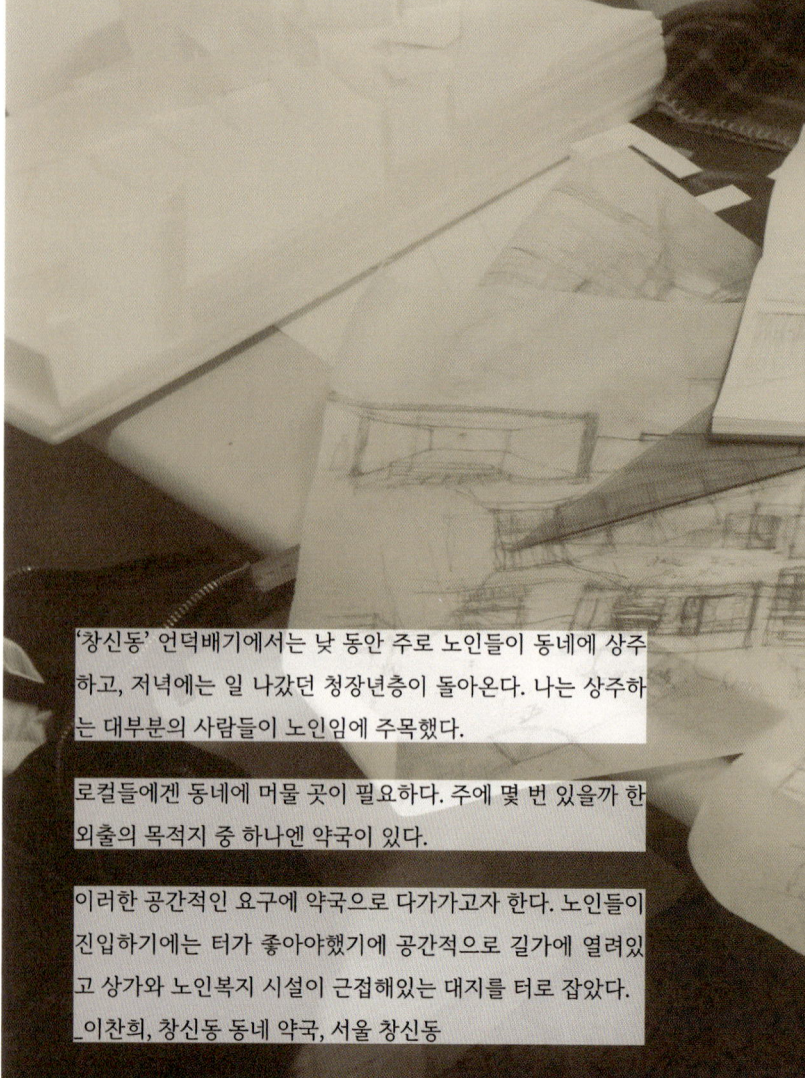

'창신동' 언덕배기에서는 낮 동안 주로 노인들이 동네에 상주하고, 저녁에는 일 나갔던 청장년층이 돌아온다. 나는 상주하는 대부분의 사람들이 노인임에 주목했다.

로컬들에겐 동네에 머물 곳이 필요하다. 주에 몇 번 있을까 한 외출의 목적지 중 하나엔 약국이 있다.

이러한 공간적인 요구에 약국으로 다가가고자 한다. 노인들이 진입하기에는 터가 좋아야했기에 공간적으로 길가에 열려있고 상가와 노인복지 시설이 근접해있는 대지를 터로 잡았다.
_이찬희, 창신동 동네 약국, 서울 창신동

이찬희, 창신동 동네 약국, 서울 창신동

[논리] 에 이끌린 장소

브랜드의 색과 맞는 터를 찾습니다.
그 논리가 맞아 떨어질 때면 짜릿합니다.
분위기가 흐르고 공간의 맥락이 들어맞는 순간입니다.

처음에는 가회동을 선정했다. 하지만 교수님의 질문이 나를 흔들었다. "여기에 네 공간이 아니면 안 되는 매력적인 이유가 있나?" 매력적인 사이트, 건물과의 관계에 대해 더 고민했다. 다시 처음으로 돌아가 생각했다. 촘촘한 일상을 벗어나 여유를 풍류하는 곳, 과연 높은 건물로 빼곡한 서울이어야 할까? 그리고 떠올렸다. 차를 타고 달리며 점차 도심에서 멀어지는 과정, 도로와 건물의 밀도에서 벗어나 우거진 수목 사이로 감춰진 공간을 마주하는 길까지, 그렇게 '남양주'로 왔다.
_박유진, 광주요, 남양주 조안면

김보나, Singing bowl

사이트를 선정할 때 콘셉트와 연결성을 생각하며 빛이 실 사이를 통과해 빛이 스며들듯, 자연을 통해 빛이 투과되어 들어오는 사이트를 생각했다. '미사동'이 기억났다. 미사(美沙)동은 아름다운 물결과 모래로 이루어진 섬이라는 뜻이다. 이곳의 물결과 주변을 이루는 모래의 입자는 실의 보푸라기처럼 모습을 형성하고 있다. 조정경기장의 물 그리고 숲을 통해서 빛이 투과되는 모습에서 콘셉트와 비슷하다 생각했다.
_윤상규, Yoon Hyun Trading, 하남 미사동

사이트는 종로 3가의 '익선동'으로 잡았다. 나는 티베트의 전통 명상 도구인 「Singing Bowl」의 소리가 한국 전통가옥의 예스러움과 고즈넉한 분위기와 어울린다고 생각했다. Singing bowl의 소리에 집중할 수 있는 공간을 찾다가 한옥 거리 근처에서 조용하고 한가로운 골목을 발견했다. 한옥 거리의 복작거리는 골목에서 발견한 부지라 그 가치가 더 크게 느껴졌다.
_김보나, Singing Bowl, 서울 익선동

[논리] 에 이끌린 장소

「오설록」은 한국 전통차 문화를 알리는 국내 고유의 찻집 브랜드이기 때문에 사이트를 한국 정서가 잘 묻어있는 곳으로 선정하고 싶었다. 또한 일상생활에서 벗어나 자연과 더불어 차 한 잔의 쉼을 얻을 수 있는 곳이 좋다고 생각했다. '북촌'이 이 조건들을 만족했고, 시끄러운 대로변보다는 조용히 여유를 느낄 수 있는 골목 쪽으로 사이트를 선정했다.

_이주현, 오설록, 서울 북촌

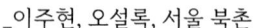

진건우, A.P.C.

한강진교회는 한남동의 부촌과 재개발 단지의 접점이 되는 곳이다. 교회 옆 골목으로 들어서면 한남동의 북적이는 골목길과 주택들이 오밀조밀 모여 좁고 거칠게 다가오지만, 반대로 골목을 벗어나면 세련된 매장들과 대저택들 사이로 편안하고 부드러운 느낌이 든다. 한남동은 딱딱하고 불편하다가도 시간의 흐름에 따라 부드럽고 편안함을 주는 '세비지 원단'의 특징과 부합하는 곳이었고, 이런 분위기가 중첩되는 접점이라 생각했다.
_진건우, A.P.C, 서울 한남동

사이트가 있는 서울 '성수동'에는 창고를 카페로 개조하는 등 '지속 가능성'이 있는 공간이 거리를 차지하고 있다. 환경에 힘을 쏟는 브랜드인 「파타고니아」의 궁극적 이념도 비슷하다고 생각했다. 현대의 가벼운 소비 습관을 바꾸고자 옷들을 수선해 주기도 하고, 친환경 소재나 재활용으로 만들기도 한다. 이러한 특성들 때문에 신축보다는 리노베이션이 적합하다고 생각했다.
_이선영, patagonia, 서울 성수동

[논리] 에 이끌린 장소

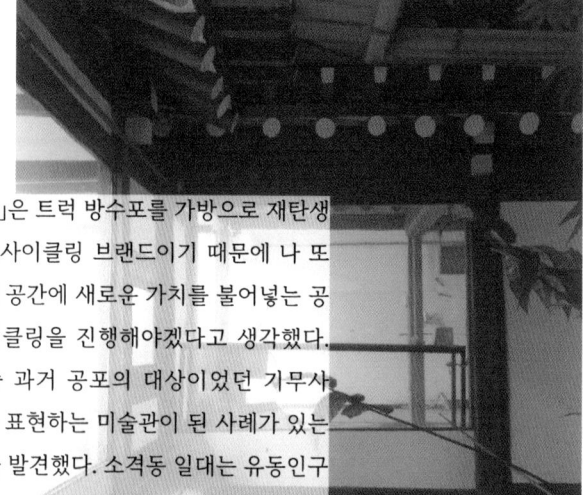

장은우, FREITAG

「프라이탁」은 트럭 방수포를 가방으로 재탄생시키는 업사이클링 브랜드이기 때문에 나 또한 버려진 공간에 새로운 가치를 불어넣는 공간 업사이클링을 진행해야겠다고 생각했다. 그러던 중 과거 공포의 대상이었던 기무사가 자유를 표현하는 미술관이 된 사례가 있는 '소격동'을 발견했다. 소격동 일대는 유동인구 감소, 주거인구 고령화, 공실 문제 등 침체기를 겪고 있다. 이러한 지역에 새로운 숨결을 불어넣어 흔적의 공간, 프라이탁을 구현시키고 싶었다.

_ 장은우, FRIETAG, 서울 소격동

「마리몬드」와 사이트의 연관성을 찾고자 하던 중, 서울 성산동에 위치한 '전쟁과 여성인권 박물관'을 알게 되었다. 위안부 할머니들의 역사를 알 수 있는 곳 맞은편에 마리몬드가 위치한다면 역사관의 연장선으로 작용하지 않을까 생각했다. 제대로 된 역사를 알고 마리몬드에서 할머니들의 예술작품인 제품들을 보며 할머니들이 인권 운동가이자 예술가로 기억될 수 있기를 바랐다.

_ 정유림, 마리몬드, 서울 성산동

신사동 도산공원 앞 「단하」의 첫 오프라인 쇼룸. 유동인구가 많은 거리에 디스플레이가 은근하게 보인다면 호기심을 자극할 수 있지 않을까. 개성 강한 브랜드 숍들 사이 '단하'만이 가진 분위기로 공간을 꾸려, 이 쇼룸에 시선이 끌릴 수 있도록 하고자 한다. 고즈넉한 분위기, 우거진 나무들이 부딪히는 소리 혹은 실루엣은 한복에 기반을 둔 브랜드 단하의 공간에 잘 어우러질 것이다.

_ 전혜윤, DANHA, 서울 도산공원

전혜윤, DANHA

[논리] 에 이끌린 장소

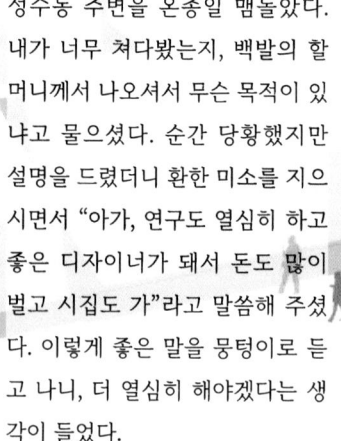

사 이 트 를
정 할 때 엔
사 이 트 의
방 랑 자 가
되 곤 한 다 !

성수동 주변을 온종일 맴돌았다. 내가 너무 쳐다봤는지, 백발의 할머니께서 나오셔서 무슨 목적이 있냐고 물으셨다. 순간 당황했지만 설명을 드렸더니 환한 미소를 지으시면서 "아가, 연구도 열심히 하고 좋은 디자이너가 돼서 돈도 많이 벌고 시집도 가"라고 말씀해 주셨다. 이렇게 좋은 말을 뭉텅이로 듣고 나니, 더 열심히 해야겠다는 생각이 들었다.

권소현, FREITAG

성수동에 있는 공간들은 함부로 기존의 건물을 해치지 않으며, 새로운 것으로 바꾸기보단 지나온 과거와 오늘날의 가치가 공존하기를 택한다. **종합해보면 성수동의 주요 키워드는 '공간 재생'인 것 같다.**「프라이탁」의 독특하고 자유로운 콘셉트와 내가 진행하고자 하는 가변적 공간, 그리고 업싸이클링이라는 특징은 이러한 성수동의 정체성과 잘 어우러질 것 같다고 생각했다.

_ 권소현, FRIETAG, 서울 성수동

어떻게
아셨어요
교수님?

교수님은 척척박사같다. 컨펌 과정에서 내가 생각지도 못한 부분을 짚어주기도 하고, 일주일간 앓았던 문제를 1초만에 해결해주시기도 하고 .. 또 가끔은 독심술을 쓰신다. 숨기고 싶은 마음까지도 단번에 읽어버리는 교수님은 종종 우리를 난처하게 한다!

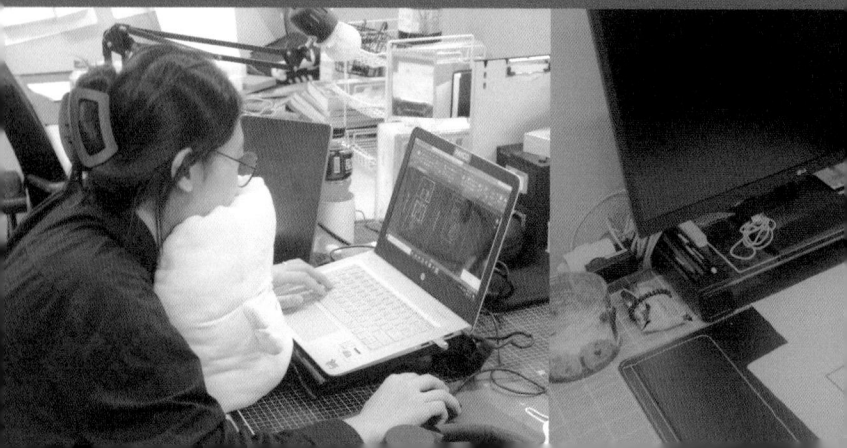

이미지 조합을 해 갔는데 강철 소재 중 뭘 쓰느냐고 물으셨어요. 근데 강철 종류를 잘 몰라서 아무 소재나 말했는데 '왜 그걸 쓰냐'고 하셔서 엄청 당황했죠. 아무렇지 않은 척 광택감이 있는 거로 넣고 싶다고 말씀드렸는데 조사 안 한 걸 바로 들켜버렸어요.

교수님　　너의 공간을 보면 공간에 애정이 없는 거 같아.

학생　　……. 어떻게 아셨어요?

2

뻔하지만 뻔하지 않은 콘셉트를 잡고 싶었다.
이것을 특별하게 만드는 게 내가 할 일이라 생각한다.
_ 서민호, Coleman

결을 만드는 [ ],
콘셉트

공간의 '결'을 만드는 콘셉트는 공간을 이루는 모든 요소의 시작이 됩니다.
그것은 기존의 틀에서 새로운 관점을 제시할 수도,
브랜드 고유의 이념에서 출발할 수도 있습니다.

결을 만드는 [새로운 관점]

빠르게 바뀌는 시대에 맞춰 기존 방식의
문제점을 찾고, 그것을 해결하기 위해
새로운 관점으로 공간을 바라봅니다.

우리 사회에 예상치 못한 바이러스로 인한 변환점이 온 것처럼, 상업 시설에도 획기적으로 뒤집을 만한 무언가가 필요하다 생각했다. 기존 상업 시설은 수평의 그라운드에서 시작되어 수직의 벽을 얹힌다. 하지만 내 공간은 수직이 수평을 대체하여 그 중심이 되고, 거기에 수평의 요소가 가미된다. 수직과 수직을 잇는 수평은 '레벨* 차이'를 두어 시선의 높낮이와 그 사이의 '틈'을 받아들이게 된다.

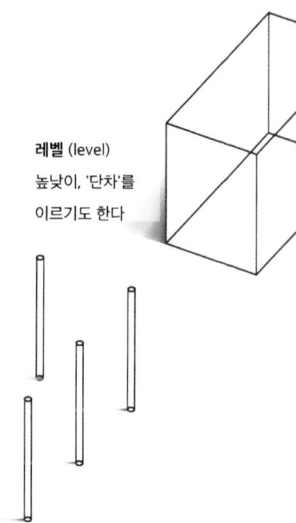

레벨 (level)
높낮이, '단차'를
이르기도 한다

난 나의 설계에서 나름의 과정을 거치며 발전해가고 있다 생각했는데, 교수님께서 내게 도면에서 나타나는 '수직의 의미'에 대해 물어보셨다. 중요한 것을 놓쳤구나! 싶었다. 레벨이 있으면 '불편함'이 존재하지 않을까? 하는 생각에 나도 모르게 '변화'라는 점에 겁을 먹고 있었다는 걸 깨달았다. 다시 중심을 찾아야겠다고 생각했다.
_장준희, THE CASHMIER

공존과 관련하여 지속 가능한 상업공간을 생각했다. 가변적이고 순환하며 다양한 가능성이 있는 공간을 만들고 싶었다. 김구 선생님의 '오늘 내가 남긴 발자취는 후세의 사람들에게 이정표가 된다.'라는 말처럼, '내일을 위한 오늘의 이야기'를 담은 공간을 콘셉트로 정했다. 과거와 오늘날의 공존이라는 개념에서 나아가, 앞으로의 나날까지 공존할 수 있는 공간이 되었으면 좋겠다.
_ 손채영, Aesop

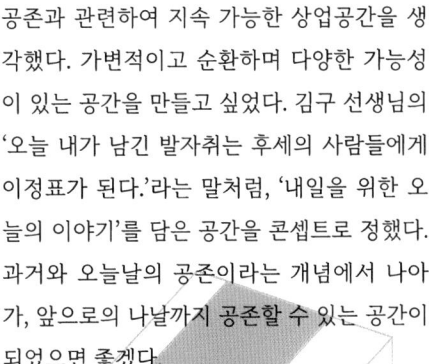

Ceiling 공간은 필요에 따라, 천장을 가변적으로 이용할 수 있다. 이를 구성하는 방법에는 3가지가 있다. 먼저 내부 공간의 한쪽 벽면을 이동시켜 확장된 가운데 공간을 사용한다. 두 번째는 건물 앞에 고정된 기둥을 두고, 가변적인 천장을 설치하여 새로운 공간을 구성한다. 마지막으로 외부에 일정하게 배치된 기둥에 「프라이탁」의 타프를 두어 공간을 만들어낸다.
_ 권소현, FREITAG

결을 만드는 [새로운 관점]

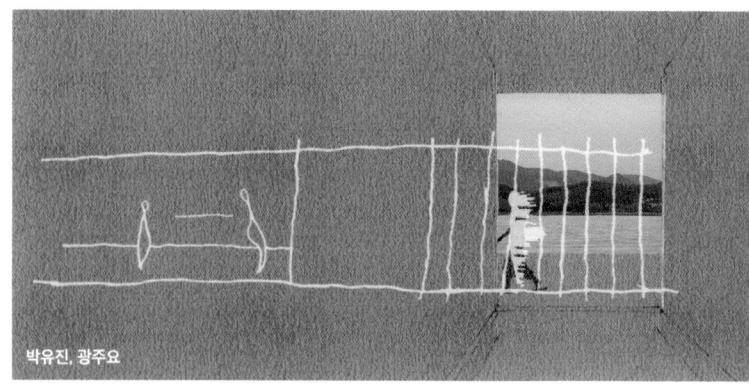

박유진, 광주요

코로나를 생각했을 때 공기의 순환이 중요하다고 생각했다. 그렇기에 다른 요소를 넣을 필요 없이, 순환 자체가 콘셉트가 될 수 있다는 생각을 통해 이를 풀어나가는 데 주력하기로 했다. 가장 먼저 생각한 것은 상업공간 안에서 비교적 많은 시간을 머무르는 피팅 공간이다. 사람들의 동선의 겹침과 반복을 어떻게 풀어나갈지에 대해 고민하였다.
_최세빈, 29CM

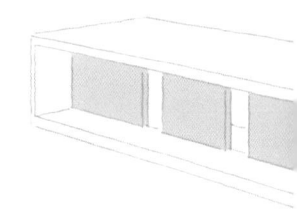

팬데믹이 사회를 지배하는 지금, 단순 상거래의 기능은 온라인 시장에 편향됐다. 하지만 오프라인 공간만이 줄 수 있는 힘이 있다. 이를 통해 브랜드 이미지를 전달하는 것이 공간의 목적이어야 한다. 상품 자체가 아니라, '브랜드 가치'를 파는 상업공간을 제안한다. 오랜 시간 머무르고, 브랜드에 직접 닿는 기억을 쌓는다. 소비자들은 이 경험을 산다.

「광주요」는 한국적인 미가 특징적인 도자 브랜드이다. 그릇을 넘어 그 안에 '무엇을 담을까'에 대한 고민을 지속해왔다. 빠르게 흘러가는 현대 사회 속에서 무게 있는 전통을 지켜온 뚝심을 전달하고 싶다. 길을 지나며 밀도를 점차 흐리고 속도를 늦춘다. 길의 끝에 멈추어 머무른다. 광주요의 라이프스타일을 느끼고, 자연과 낙을 풍류하며, 그 기억을 남긴다. 공간은 그 기억을 담는 그릇이 된다.

_박유진, 광주요

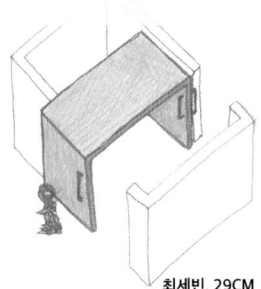

최세빈, 29CM

결을 만드는 [새로운 관점]

홀로그램 아크릴과 빛을 통해 실험을 하면서 빛으로 공간이 정의될 수 있다는 것을 알게 됐다. 내 콘셉트는 'Silhouette – space of light'로, 아크릴의 실루엣으로 만들어진 빛 공간을 설계하고자 한다. 그러나 식사 공간에 콘셉트가 드러나지 않아 다시 실험을 했다. 그 결과 아크릴의 방향에 따라 다양한 색깔이 나왔고, 이를 통해 아크릴 벽으로 공간을 나눠야겠다고 생각했다.
_ 이은지, DOWNTOWNER

'실루엣'은 불빛에 비친 물체의 그림자 또는 옷의 전체적인 외형 윤곽이란 뜻으로, 언택트 시대 이후 상업공간에서 '접촉'의 변화를 만들어낸다. 벽 넘어 비치는 인기척으로 불필요한 접촉을 은연중에 차단한다. 옷과의 접촉은 시각적으로만 허용하고 직접적인 접촉은 실제 사용된 원단으로만 느끼며, 이후 구매를 희망하면 직원을 통해서 접촉을 할 수 있도록 한다.
_ 남기훈, WOOYOUNGMI

과거 물건인 「문방사우」가 현대적으로 리디자인 되었다는 것에 맞게 콘셉트도 과거와 현대가 만나는 것이 좋겠다고 생각했다. 그러다가 벽과 바닥 등 공간 전체에 테이프로 그려진 선들이 이어져 있는 작품을 보게 됐다. 과거와 현재의 이어짐을 잘 살려낸다고 생각했고, '이어지다'를 콘셉트로 하면 현대적으로 재해석된 문방사우와 어울릴 것 같다고 생각했다.
_ 박민아, 文方四友

이은지, DOWNTOWNER

결을 만드는 [가치]

브랜드를 대표하는 공간은
브랜드의 정체성과 신념을 담는 그릇이라고 할 수 있습니다.
그들이 추구하는 '가치'를 통해 결을 만듭니다.

「LAKA」라는 브랜드를 선정하고, 브랜드 아이덴티티를 정리하기 위해 생각을 많이 했는데, 그렇게 노력한 시간들이 고스란히 콘셉트라는 영역으로 녹아들게 되었다. LAKA는 성별, 아름다움, 색의 경계들을 무너뜨리고. 나는 이 키워드를 공간으로 가져오기로 했다. 그들이 경계를 허무는 것처럼 그들의 공간 역시 경계를 허문다. 내부와 외부의 경계를 허무는 것이다.

콘셉트가 정확히 정해지는 그 과정도 중요하지만, 사실 그 콘셉트를 공간에 드러나도록 하는 것이 설계에 있어서 가장 중요하다. '공간의 내부와 외부를 흐리다'라는 콘셉트를 공간적으로 구체화하려 했다. 파빌리온의 형태로 접근을 했으나 뻔하다는 생각이 들었다. 공간에 콘셉트를 확실하게 드러낼수록 현실적인 부분과 부딪히면서 계속 도면과 형태가 변화하는 한 주였던 것 같다.
_최한비, LAKA

셀비지진의 특징은 사용자의 체형, 행동, 습관, 생활환경에 따라 천차만별의 모습으로 변할 수 있다는 것이다. 이런 유기적이고 역동적인 특징에 가장 잘 어울리는 단어로 'reaction'을 떠올렸다. 자극에 대해 반응하고 변한다는 것. 다양한 변화를 통해 'reaction'을 표현한다면 기존에 볼 수 없던 「A.P.C.」의 철학과 셀비지진의 특징을 잘 풀어낼 수 있는 공간이 될 것이라 생각했다.
_ 진건우, A.P.C

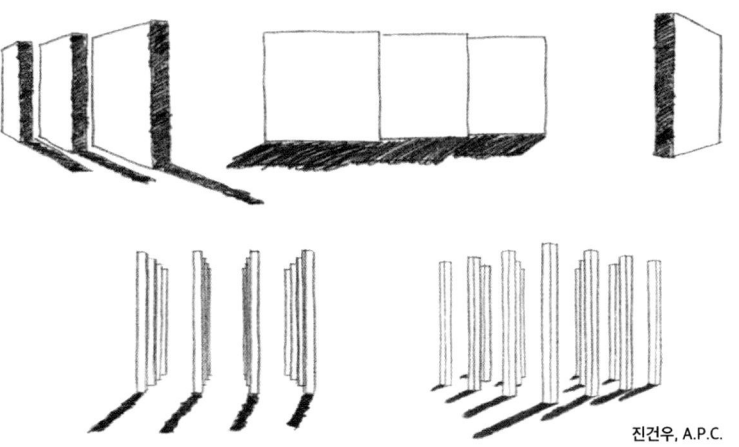

진건우, A.P.C.

결을 만드는 [새로운 관점]

「m.a+」의 제품은 대부분 One-piece, 서로 다른 몸에 맞춰 자연스러운 핏이 연출된다. 여기서 그림자와 의복의 유사성을 찾았고, 이 의미를 모두 담은 'silhouette'을 콘셉트로 정하게 됐다. 그림자라 하면 많이들 자연광 그림자를 떠올린다. 나는 그보단 벽에 비치는 제품과 벽 간의 그림자를 중첩시키고, 반투명 유리를 사용해 계단에도 실루엣을 만들었다.
_ 김희수, m.a+

김희수, m.a+

내 콘셉트는 '나르시시스트'와 '완전성'인데, 자기애적 용어인 나르시시스트와 불완전함에서 완전함으로 간다는 의미의 완전성 사이에 괴리가 있었다. 나르시시스트는 모습 그대로를 사랑해야 할 것 같은데, 본인의 단점을 가리려는 것이 맞는 것일까 싶었다. 그러나 단점은 가리고, 장점은 자유롭게 표현하는 것이 자신에게 애착을 가질 방법이라 생각했다.

_ 박서희, NARS

카메라에서 자주 사용하는 기능인 ZOOM (IN/ OUT)에서 '밀도 차이'를 생각했다. 이는 더 깊이 있고 극적인 공간을 만들고 이를 공간에 들어오는 '빛의 밀도 차이'로 발전시켰다. 한편 코로나로 인해 우리는 타인과의 접촉을 꺼리며 한 공간에 많이 머물기를 두려워한다. 따라서 접촉은 최소화하면서 함께라는 느낌이 드는 방법으로 '레이어*와 시선의 교차'를 생각했다.

_ 이은지, Leica

레이어 (layer)
겹겹이 쌓여 만들어진 층, 또는 그러한 구성체.

결을 만드는 [새로운 관점]

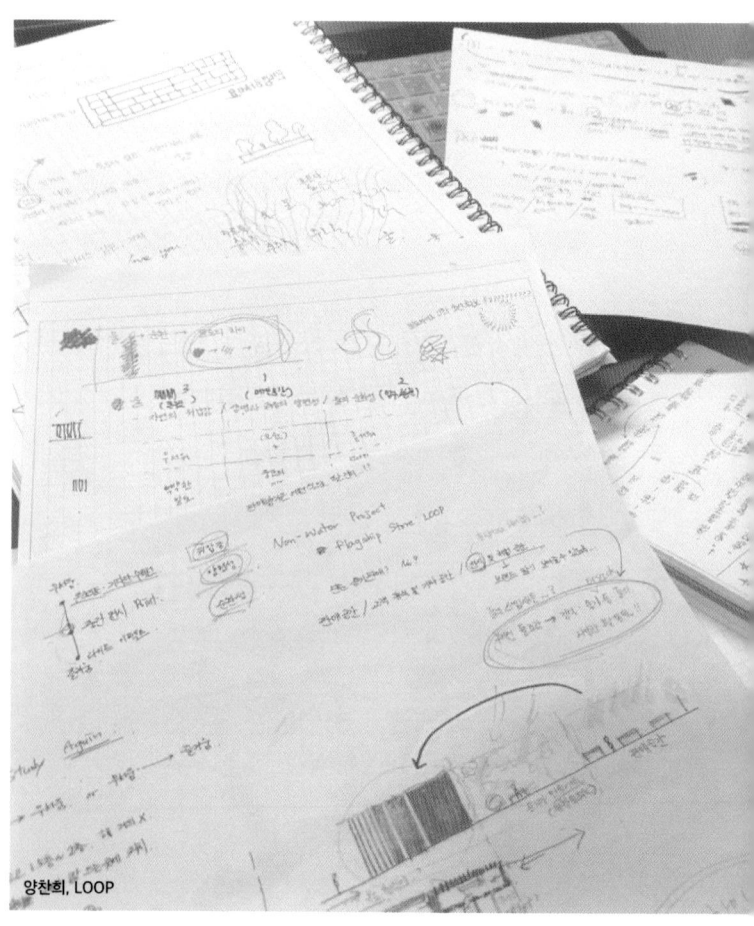

양찬희, LOOP

지금까지 항상 감성적인 콘셉트들을 다뤄왔기에 이성적인 성향이 강한 콘셉트를 다루면서 좀 어려웠다. '밀도의 차이'라니, 뭔가 되게 과학적으로 느껴지는 말이 아닌가. 대표 콘셉트는 '순환'인데 이거나 저거나 둘 다 감성적인 느낌이 아닌 건 분명하다.

브랜드 「LOOP」의 특성을 생각하면서 도출해 낸 콘셉트가 물이고, 물을 풀어내기 위해 물의 특성을 도출해 냈다. 겨우 도출한 과정들을 교수님께 가져가서 말씀드렸더니 모든 과정을 교수님께서 한 단어로 정리해 주시는데, 이때까지 뭐 한 건가 싶다가도 한마디로 정리돼서 좋아지는 기분이 서로 교차하는 심정이었다.
_양찬희, LOOP

숲속 호수의 형태적인 요소를 담아내 수水공간을 중심으로 네 가지 매스가 정해졌다. 이후 숲속 호수에서 느껴지는 정적임이 물의 고임에서 느껴진다는 것을 알았다. 그 물의 고임을 이용해 명상 공간에 들어서기 전엔 벽을 타고 떨어지는 물줄기를 통해 동적임을 느낄 수 있게 하여 대비되는 물의 고임이 더욱 정적으로 느껴지며 명상 공간의 특색을 더욱 살릴 수 있는 방향을 찾아냈다.
_ 한태민, HEALIENCE

결을 만드는 [새로운 관점]

일회용 플라스틱이 환경에 미치는 악영향을 생각할수록, 아예 포장하지 않거나 재사용 가능한 친환경적인 포장재를 찾는 것이 중요해졌다. 불필요한 포장은 적을수록 좋고, 아예 없다면 더 좋기에 「LUSH」의 제품은 점점 더 포장을 벗고 있다. 별도의 포장지를 사용하지 않고 그대로 진열해 매장에 방문하는 고객이 비누의 고유 향기를 즉각적으로 체험하고 색깔도 볼 수 있다.
_ 구동은, LUSH

내 콘셉트는 「RboW」의 뜻인 rainbow에서 생각이 시작됐다. '시각적으로 보고 있지만 만질 수는 없는 것', 이런 요소에는 연기나 안개 등이 있고 '거울 속에 비친 나'도 포함된다. 나는 거울 속에 있지만 만질 수는 없다. 이는 실존에 대한 고민과 온전한 '나'에 집중하게 한다. 이러한 콘셉트와 제품을 연결 지어 공간을 구성하고자 했다.
_ 김윤형, RboW

종교적 영향을 많이 받은 기존 매장과 다르게 이 공간은 콘셉트에 집중한 공간을 조성하고 싶었다. 하지만 성당에서부터 시작한 브랜드인 만큼 종교적인 이미지가 아닌 단순히 「산타마리아노벨라」 성당의 이미지를 디자인적 요소로 사용해보라는 조언을 얻었다. 성당의 입면 패턴을 도식화해 내부 바닥 타일로 활용하여 단순한 매스에 색다른 분위기를 더해 브랜드의 기원을 간접적으로 시각화할 수 있다고 생각한다.

_ 이교성, Santa Maria Novella

이교성, Santa Maria Novella

결을 만드는 [새로운 관점]

신인혜, 바론

베이스가 되는 형태의 콘셉트는 동양 예술 사조에서 가져왔다. 원래 서양 앤티크 소품을 판매하는 브랜드지만, 2호점의 형태로 동양 앤티크 제품을 판매하는 공간을 디자인하기에, 서양과 동양 예술의 차이점으로 공간의 형태를 잡아야겠다고 생각했다. 그 후에 '책가도'와 '병풍'을 모티브로 디자인을 시작했는데, 이제는 그 둘을 하나로 이어주는 중점적인 가치를 찾아 디테일과 흐름을 정해야 했다.

'물건의 가격이 아닌 물건에 담긴 사연(시간)을 물어봐 주세요.'라는 슬로건 때문에 물건의 가치를 '시간'이라고 생각했고, '병풍'과 '책가도'의 특징을 '시간'을 바라보는 '시선'이라는 틀에 맞춰 재해석했다. 이로 인해 [연속적인 단편의 시선]인 병풍과 [동시에 바라보는 다각인 시선]인 책가도로 명명할 수 있었고, '시간'과 '시선'이라는 가치를 중점으로 공간을 디자인하기로 했다.
_ 이지현, ANTIQUE SHOP

전체적인 분위기는 '절제됨 속에 감춰진 본능'이다. 공간은 구분돼 있지만 그 밖엔 동선이 자유로웠으면 했고, 사람 간 모호한 경계를 형성하고 싶었다. 주 공간은 선명히 남겨진 붓 자국처럼 자기주장은 뚜렷하되, 유연한 공간으로 쓰일 수 있도록 다른 곳보다 넓고 포커스가 잡히게 구성했다. 겉은 절제되어 있지만, 속은 오브제들과 소통하며 그 이상의 것을 알았으면 했다.
_ 신인혜, 바른

결을 만드는 [새로운 관점]

「마리몬드」는 재조명하여 기억하는 공간, 시선을 다르게 하는 공간이다. 사람으로 비유하자면 첫인상은 강해 보였으나 여린 면이 있는 사람과도 같았다. 이를 가지고 공간에 들어서기 전에는 딱딱한 분위기지만 내부에 들어서면 부드럽고, 밝고, 희망적인 분위기를 내는 것으로 풀이했다.

소비자에게 전하고 싶은 메시지를 어떤 기준으로 풀어낼지가 중요했다. 마리몬드는 할머니들의 예술작품을 보고 이들을 재조명하여 기억하는 공간, 정신적인 가치를 판매한다. 're-memory'라는 키워드로 이에 맞는 자연적 요소가 있으면 좋겠다고 생각했다. 예술작품을 보고 수공간을 바라보며 're-memory'할 수 있는 공간을 구성하려 한다.
_ 정유림, 마리몬드

「Singing bowl」은 기본적으로 파동으로 들리는 소리이기 때문에 공기의 떨림과 깊은 연관이 있다. 그래서 나온 콘셉트가 해화諧和이다. 첫째, 서로 잘 어울림. 둘째, 음악의 곡조가 서로 잘 어울림. 우선 두 가지 의미 모두 공통으로 여러 개가 만나 화합을 이룬다는 것을 뜻한다. 나는 이 의미에 집중해서 공간을 풀어내려 노력했다.
_ 김보나, Singing Bowl

김보나, Singing bowl

결을 만드는 [처음]

누군가 생각했던 것 혹은 어딘가에서 봤던 것의 오마주가 아닌, '처음' 혹은 '시초'의 디자인으로 세상에 새로운 디자인을 제시하는 것 또한 우리의 과제입니다.

갈 곳 없는 이들의 공간, 동네의 그런 사람들을 위한 「약국」은 어떤 공간이어야 할까? 약국은 일상적인 공간이면서 동시에 건강을 관리하는 짤막한 순간들을 담아낸다. 이 순간의 돌봄을 공간에 따뜻하고 진정성 있게 담아보고자 한다. 뜰; 정원 이란 개념은 일상과 돌봄의 경계가 된다. 약국이란 뜰에 들어오는 순간 맞이하는 돌봄의 감각은 동네 주민과 고객들을 향해 내리는 따뜻한 볕이 된다.
_ 이찬희, 창신동 동네 약국

항상 같은 분위기로 타일을 보는 게 아닌, 빛의 차이로 달리 볼 예정이다. 빛에도 종류가 있다 생각해서 공간이 타일을 입듯이, 사람의 옷을 떠올려 실을 생각했다. '빛과 실'이라는 콘셉트로, 공간의 겉을 실같은 존재로 감싸는 것이다. 실들 사이로 빛이 퍼지면서 시간에 따라 변하는 타일의 모습을 보고 고르도록 제안하고, 타일의 새로운 특성을 고객에게 알린다.
_ 윤상규, Yoon Hyun Trading

윤상규, Youn Hyun Trading

결을 만드는 [처음]

권병국, FE26

대부분의 꽃집과 달리 식물을 판매하고 관리하는 시스템 자체에 차이를 주려고 한다. 식물을 구매 후 기르다가 생명이 다하면 끝나는 방식이 아니라, 구매 후 기르다가 다시 매장에서 관리받기도 한다. 이를 다른 소비자가 구매할 수도 있으며, 이처럼 순환시킨다는 방식 자체가 상업 공간의 특징이 된다.

기존 '꽃집'의 따뜻한 분위기와 달리 돌과 스틸로 차분하고 차가운 느낌을 줄 것이며, 자연을 적극적으로 가져와 자연 요소가 어떤 차이를 보여주는지 전달하려 한다. 나란히 놓인 동일한 벽은 그 틈으로 뒤에 놓인 벽이 보이기도, 벽 없이 기둥만 놓이기도 한다. 이는 가변적으로 공간을 나누거나 합친다. 벽이나 기둥이 세워지고 그 연장선에 다양한 방식으로 여지를 남겨놓아 확장성을 지닌다.
_ 손민우, 식물의 취향

사람들은 기능 이상의 것을 원한다. '감성'이다. 매장은 체험공간의 역할을 다할 책임이 있다. 상품은 진열대가 아닌 '오브제'로서 공간에 존재하며, 오브제와 여백은 서로 시너지를 만들고 공존한다. 여백을 위해 곡선과 빛을 이용했다. 곡면으로 인해 공간이 좁아지고 넓어지기도 한다. 빛은 이러한 공간과 같이 변한다. 이 공간에는 빛의 무게가 느껴진다.
_ 권병국, FE26

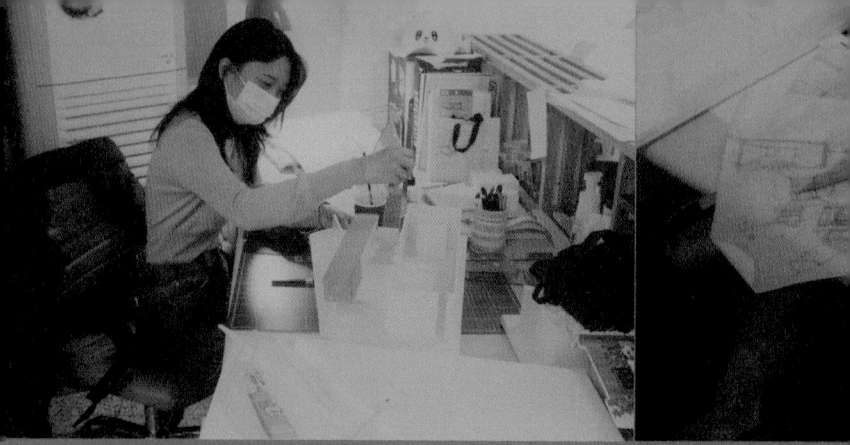

명언제조기
교 수 님

너의 공간은 보이면서 안 보이는 느낌이 있어.
그걸 끌어내려고 배우는 게 실내건축이야.
공간에 너의 표현을 녹이는 게 정말 중요한 작업이야.
아주 조금만 더 얹히면 되는 작품 같아.

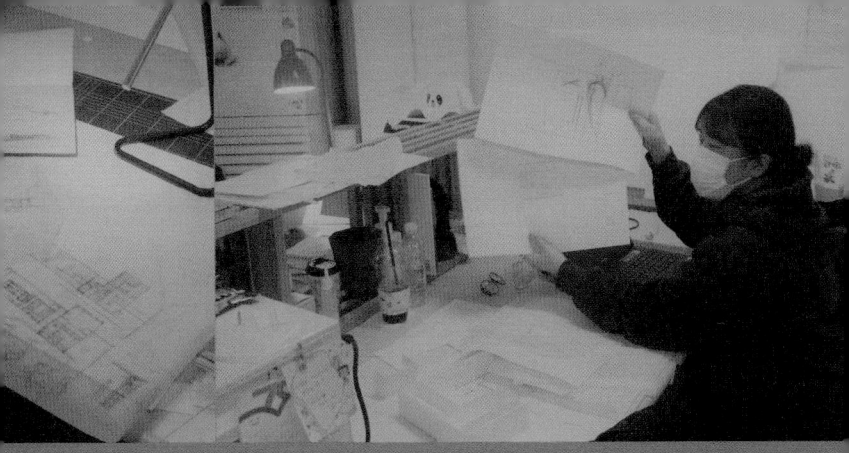

너희들이 실무에 나가서 하나를 선택해야 덜 힘들다.
돈을 보고 디자인을 할지, 디자인을 보면서 디자인을 할지 말이야.

디자이너는 관심 있는 취미가 있어야 해.
왜냐하면 직접 관심 있는 취미를 하는 것과
생각만 했을 때 오는 경험치가 달라.

[ ]의 표현,
소재

소재는 공간의 표정과도 같습니다.
같은 공간도 어떤 물성을 담느냐에 따라 그 분위기는 천차만별입니다.
소재마다 각 특성은 모두 다르기에 우리는 개개의 소재들이
조화를 이룰 수 있게 구성합니다.
이를 통해 공간에 다양한 감정을 부여할 수 있습니다.

[가치] 의 표현

브랜드마다 내는 목소리는 이미지로 연상됩니다.
브랜드의 가치를 담은 이미지는 공간에서 소재로 나타납니다.

캐시미어의 부드럽고 우아한 면을 강조시키려 했다. 비교 대상이 있으면 대비는 더 잘 드러난다. 캐시미어는 부드럽다. '콘크리트같이 러프한 재질보다'. 콘크리트의 거칢과 스틸의 직선적, 차가움을 더하면 질감이 잘 느껴지겠다고 판단했는데, 교수님께서 다른 이들의 눈에 캐시미어 숍이 아니라 다른 숍으로 느껴질 수 있는 부분은 어떡할 것이냐고 하셨다. 미처 생각을 못했기에 캐시미어와 유기적으로 어울리면서 대비시키는 소재를 연구해야겠다는 생각이 들었다.

나에게 steel은 강하고, 광택이 나고 힘이 있는 재료였다. 캐시미어와 완벽히 대조될만한 '강한' 느낌의 steel을 찾았지만 너무나도 존재감이 강해서 중심이 되는 캐시미어를 잃을 수 있기 때문에, 소재에 대한 깊이를 이해하고 그만의 다른 '아름다움'을 찾아야 했다. steel이 가진 polishing과 matt 사이의 기점 사이에서 연구하고 그를 다루려 했다. 연마된 소재는 aging에 대한 부분을 시간에 따라 담고, 무광의 표면은 그대로의 중후함과 무게감을 가진다.

_ 장준희, THE CASHMERE

[가치] 의 표현

사실 한지를 사용하고 싶었다. 한지에 먹물을 떨어뜨린 형상의 파사드를 생각했기 때문인데, 외부에 한지를 사용하는 건 무리가 있어 유리로 하고 안쪽에 한지를 덧대는 식으로 변경했다. 하지만 종이의 특성상 햇빛에 색이 바래는 문제가 있어 비슷한 재료인 폴리카보네이트로 바꾸게 됐다. 빛이 한지를 투과하여 들어올 때, 빛을 한번 걸러주는 특징을 폴리카보네이트로 나타내고, 먹물의 형상을 진회색 콘크리트로 나타냈다.
_ 박민아, 文房四友

흔적이 시각적으로 보일 수 있는 소재가 필요했다. 그리고 시간이 남기고 간 흔적을 공간 속에서 느낄 수 있도록 하는 것이 목표였다. 중고 제품을 디피할 곳인 한옥 부분은 최대한 공간에 남은 흔적을 살리기 위해 다른 마감재를 억지로 더하진 않겠지만 일반 제품을 판매하는 신축 건물이 문제였다. 한옥과 너무 다른 건물처럼 동떨어져 보이게 하고 싶진 않았기에 자연적인 건축 재료를 생각하게 되었다.
_ 장은우, FREITAG

박유진, 광주요

장은우, FREITAG

「광주요」의 물성을 생각했다. 자연의 거친 흙이 시간과 공정을 거쳐 매끄러운 도자기가 되고, 물이 시간의 맛을 밴 술, 화요로 만들어진다. 이러한 물성이 공간에 투영됐으면 했다. 자연적이고 한국적인 소재들로 구성했다. 러프한 텍스쳐를 느낄 수 있는 돌, 그리고 그와 대비를 이루며 매끈하고 따뜻한 백색의 자기 타일을 사용했다. 내부의 타일은 반사값이 커 부드러운 도자의 물성과 넓은 공간감을 느낄 수 있다. 주위의 것들을 담은 검정 타일은 마치 물과 같고 우드 소재의 마루에서 물 위에 떠 있는 누각의 기분을 느낄 수 있다.

_ 박유진, 광주요

[가치] 의 표현

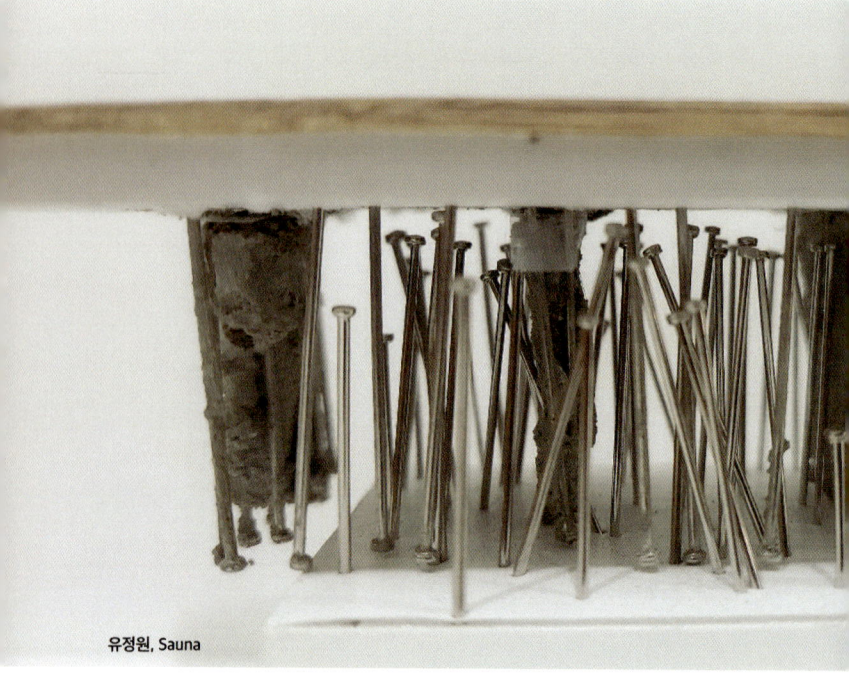

유정원, Sauna

재료는 비단, 명주 등을 사용할 예정이다. 큰 어려움은 없었다. 아시아의 뷰티, 비단결 같은 머리라는 표현, 옛 아시아의 명물 비단. 려가 말하는 이 세 가지가 비단이라는 소재로 이끌었다. 너무 단순히 나온 단어는 아닐지, 너무 일차원적 접근이 아닐지 우려가 있었다. 하지만 그 단순함이 메시지 전달에 더 용이한 부분 또한 있기에 '비단'으로 방향을 결정하였다.

_ 신유근, 려 : 呂

공간이 개인 시설로 변화하면서도 어쩔 수 없는 공유 공간은 존재하게 된다. 공유 공간과 개인의 사유 공간 사이를 구분하면서도 관계성을 보여주어야 하기에 막힌 벽보다는 서로에게 영향을 끼칠 수 있어야 한다는 생각을 가지게 되었다. 그렇게 '실루엣'이라는 단어를 생각하게 되었다. 재료를 정할 때도 완전히 막힌 소재보다는 흐릿하면서, 벽의 역할을 만들어 줄 수 있는 소재에 대해 고민하게 되었다.

_ 유정원, Sauna

[가치] 의 표현

어느 향이든 시각적으로 유연하게 전시할 수 있는 공간을 구성하면 어떨까. 이러한 생각을 통해, 빔프로젝터를 활용하여 해당 공간의 분위기를 자유자재로 변화시킨다는 방향성을 가지고 '파라핀'의 물성을 사용해 공간에 숲을 표현하기로 했다. 브랜드의 특성상 자연에서 추출한 재료를 원료로 사용해 재료의 숲을 보여주는 것이다. 만들어보니 생각보다 내가 표현하려는 느낌이 잘 담겼고 기둥의 그림자가 벽면에 생기면서 또 다른 숲이 생기는 형태가 됐다.
_ 이교성, Santa Maria Novella

이교성, Santa Maria Novella

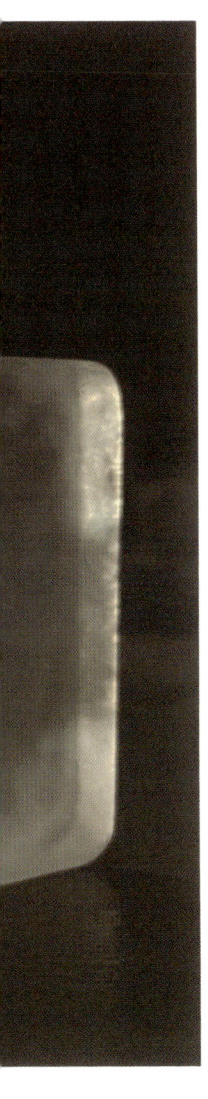

외부 공간의 필요성과 그곳에서의 경험을 효과적으로 전달하는 것이 중요했고, 이를 통해 사람들의 외부에 대한 갈망이 더욱 커지길 원했다. 그래서 내부 공간에 직접 자연을 들여오기보단, 재질에 빛을 투영 및 반사시켜 자연 속과 유사한 분위기를 이끌어내려 했다. 짜임이 투박한 패브릭을 통해 이러한 분위기를 만들고, 거칠며 찌그러진 철판은 빛을 반사하여 파동이 일어난 물의 표면을 표현했다.

_ 손민우, 식물의 취향

많은 고민과 흔적이 남아있는 매스라 외장재부터 신경을 많이 썼다. 우선 브랜드 아이덴티티를 해석하여 내부에 담긴 시간의 흔적을 살리려 했다. 여기서 내후성 강판을 통해 내면을 표현하고자 했는데, 강판의 시간에 따라 변하는 모습이 다른 소재보다 아름답다고 생각됐기 때문이다. 강판으로 콘셉트 오브제인 책가도를 다각적인 형태로 표현했고, 이를 대놓고 드러내는 것이 아니라 은은하게 보일 듯 말 듯 하고자 하여 소재를 폴리카보네이트로 선정했다.

_ 이지현, ANTIQUE SHOP

[가치] 의 표현

처음에는 「NARS」의 이미지와 잘 어울리는 어두운 톤의 콘크리트를 외장재로 사용하려 했다. 그러나 내가 계획한 공간은 여러 부스로 이루어진 공간이기 때문에 콘크리트가 가진 묵직한 물성이 공간을 답답하게 만들 것 같았다. 그래서 그와 반대로 투명한 물성을 가진 폴리카보네이트를 사용하기로 했다.

폴리카보네이트에 색지를 덧대 각 부스에 색상으로 고유성을 부여하고, 폴리카보네이트의 투명함을 살리기 위해 셀로판지를 선택했고, 둘의 조합을 연구해봤다. 셀로판지는 투명함을 잘 살려주었고, 여러 색상의 셀로판지를 덧댈수록 다양한 색을 표현할 수 있는 점이 좋았다. 하지만, 생각보다 색감이 진하게 나타나 혼란스러웠다. 다른 재료도 스터디 해봐야 할 것 같다.

전체적인 담장은 반투명한 기본 컬러의 폴리카보네이트를 사용하여 외부에서 공간 안쪽이 은은하게 보이도록 유도했다. 주요 공간들을 감싸면서도 외부의 사람들이 안쪽 공간에 대한 호기심을 가질 수 있게 하고 싶었다. 카운터와 베이스 공간은 투명과 반투명을 혼합하여 균형을 잡고, 반대쪽의 포인트 제품 공간들은 분홍, 파랑, 주황색으로 표현한다.
_ 박서희, NARS

교수님과 입구에 대해 컨펌했을 때 소리가 날 수 있도록 얇은 철판을 바닥 마감재로 사용하는 것은 구조적으로 매우 힘들기 때문에 청각적인 요소를 시각적인 요소로 치환해보는 것이 어떻겠냐고 하셨다. 입구 천장을 사진과 같이 일부분 뚫어 마감하고, 그 틈으로 빛과 물이 떨어지게 하여 그 부분의 바닥 일부분을 철판으로 마감한다. 그러면 물이 철판으로 떨어져 소리가 나는 것을 시각적으로도 확인할 수 있게 된다.

_ 권병국, FE26

권병국, FE26

[고유한 성질] 의 표현

모든 사물은 저마다의 뚜렷한 특성을 지닙니다.
그 물성을 읽고 가져오는 소재는 강한 색을 드러내며
공간의 깊이를 만들어냅니다.

빛을 입자화시켜 실내로 끌어들이려는 방법으로 벽에 비정형의 구멍을 뚫는다거나 창의 크기를 다양하게 하는 등 여러 가지 방법을 생각해 보았다. 그러던 중 철망 사이에 막 쌓인 돌들을 떠올렸다. 각기 다른 모양의 돌을 쌓아 올리니 틈이 생겨났고, 이를 투과한 빛은 공간에 자연스러운 명암을 만들어 줄 거라 생각했다. 그 사이에 깨진 유리 조각 등 더 많은 양의 빛을 받아들일 수 있는 물성을 더해 빛의 굵기를 조절하려고 노력했다.
_ 이은지, Leica

「화방」에서 주인공은 각 재료의 색감이다. 판매할 때 이 색감이 왜곡되어선 안되기 때문에, 제품을 온전히 이해하도록 매대에 집중했다. 벽체는 어두운 페인트로 마감해 빛 반사를 방지하고, 제품마다 간접조명을 주어 색감을 돋보이게 했다. 그 외 공간은 색감의 빈자리를 채우기 위해 식물들을 배치해 벽과 조명의 관계를 풀어주도록 계획했다.
_ 허지영, 화방

최대한 씽잉볼을 만들 때 사용하는 재료들을 이용하여 공간 자체에서도 그 소리를 연상할 수 있도록 하고 싶었다. 그래서 뽑아본 재질은 유기, 크리스털 그리고 가죽이었다. 이 재료들은 공간의 포인트가 될 것이다. 그리고 주변의 환경과 조화를 생각해서 한옥에 사용되는 목재와 석재를 사용하는 게 좋겠다는 생각이 들었다.
_ 김보나, Singing Bowl

김보나, Singing Bowl 물을 내부로 들여, 잔잔한 물의 '떨림'과 그 소리의 '울림'을 느낄 수 있도록 한다.

[고유한 성질] 의 표현

천의 색감이 다양하므로 이를 돋보이기 위해선 무채색 소재를 무조건적으로 써야 할까? 라는 의문으로 고민하기 시작했다. 일단 우선적으로 생각한 부분은 천이나 옷감을 고를 때 많은 시간이 소요되기 때문에 오랫동안 보아도 질리지 않고 편안함을 줄 수 있는 소재가 필요하다고 생각했다. 그래서 바닥 마감으로 적 벽돌을 선택해 보았다. 아직 계속해서 스터디 중에 있지만 잘 활용하면 공간에서의 백댄서로 크게 작용할 것 같다는 생각이 들었다.
_ 신인혜, 바른

신인혜, 바른

밝은 빛 속에선 많은 것이 보이고 느껴지기 때문에 차를 오롯이 느낄 수 없다고 생각했다. 약간의 어둠 속에서 차를 마시면 사람들 간 관계를 이어줄 수 있는 분위기가 만들어질 거라 생각했다. 그렇게 '어두운 빛'에서 '걸러진 빛'을 생각하게 됐다. 외부 소재는 반투명 콘크리트로 빛을 한 번 걸러 내부로 들어오기 때문에 어두운 빛을 조성할 수 있으며, 내부는 한지나 미색의 흙벽을 사용해 빛이 반사되지 않고 공간에 잘 스며들 수 있게 했다.

_ 이주현, 오설록

[추상] 의 표현

우리는 대상의 속성에 주목하여 콘셉트를 도출해냅니다.
그러나 그 결과는 그저 머릿속을 맴도는 단편에 불과합니다.
소재는 이들을 엮어내 우리에게 직접적으로 보여줄 수단이 됩니다.

청바지라는 제품의 본질은 패브릭이라는 관념에서 벗어나고자 했다. '셀비지진'의 본연적 특징을 표현해 줄 수 소재에 대해 생각했고, 'Reaction'이라는 콘셉트에 맞게 깨지고, 부서지는, 휘어지고, 끊어지는 자극에 대한 반응을 통해 셀비지라는 거친 원단의 이미지를 표현하고자 했다. 콘크리트나 스톤, 스틸을 사용하되 기존의 형태에서 벗어나 소재에 찍고 휘어보면서 단단한 물성의 소재에 일어나는 변화를 보여주고 싶었다.

「A.P.C」 셀비지진의 처음은 단단하고 페이딩이 없는 매끄러운 모습이지만 거칠고, 불편하다. 하지만, 시간이 지남에 따라 점점 페이딩이 생기면서 셀비지진만의 멋이 만들어진다. 언뜻보기에는 부드럽지만 속은 거칠고, 편안한 기분을 가져다주는 특징을 재료를 통해서 느낄 수 있는 곳이 되었으면 했다. 아페쎄는 패션에서 '기본의 미'를 추구하기 때문에 건축의 기본이 되는 콘크리트와 스틸을 주재료로 선택했다.
_진건우, A.P.C

소재를 정할 때 공간이 무엇을 위한 건지를 먼저 생각했다. 무엇을 살려야 할까? 타일을 전시하는 공간에서 그 외의 소재가 돋보이면 안되는 점을 깊이 고려했다. 콘크리트로 구성된 공간은 정적인 분위기를 줄 수 있겠다는 생각을 하게 되었다. 타일이라는 요소를 돋보이게 할 수 있는, 다른 것이 그를 해치지 않을 수 있다는 생각에 '노출콘크리트'라는 소재를 중심으로 다가갔다.

_ 윤상규, Yoon Hyun Trading

진건우, A.P.C

[추상] 의 표현

한옥이 가진 공간의 분위기를 가져온 만큼 무게감이 있는 소재를 쓰고 싶었다. 스테인리스 스틸을 부분적으로 사용하여 공간을 지나치는 나의 모습이 디스플레이들과 함께 반사되는 모습을 본다면 공간에 좀 더 스며드는 기분이 들지 않을까. 한옥을 모티브로 하지만 재료로는 공간에 묵직한 울림을 줄 수 있는 의외의 물성들을 찾으려 한다.
_ 전혜윤, DANHA

브랜드 철학 중 '자연스러움'과 '가치'와 같은 뉘앙스가 들어갔던 이유는 바로 재료였다. 「m.a+」의 제품은 사용함에 따라 조금씩 변화하고 흔적을 남기면서 사용자에게 길든다는 것이 큰 특징이다. 나는 이러한 물성을 자연스레 녹여내고 싶었다. 구로 철판과 동판처럼 시간에 따라 자연스레 녹슬고 멋이 살아나는 재료들을 사용해, 공간의 콘셉트를 두드러지게 나타내고자 했다. Metallic 한 물성과의 조화를 고려해, 타공판처럼 실루엣이 비치는 재료를 상담실 벽체로 사용했다.
_ 김희수, m.a+

전혜윤, DANHA

[추상] 의 표현

내부에 들어가는 가구들을 디자인하면서 물성과 물성이 만나는 것에 집중해보게 되었다. '나에게 집중하는 시간'이라는 콘셉트에서 나온 반사성 재료들을 생각해 보다가, 그것을 중화시킬 수 있는 재료들도 찾아보게 되었다.

_ 김윤형, RboW

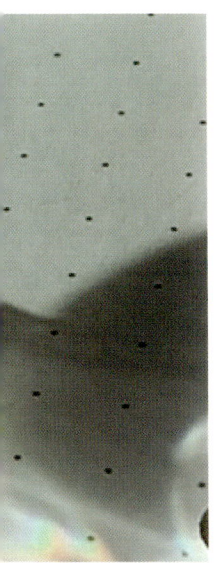

교수님과 컨펌을 진행하던 중에 우연히 래리 벨의 작품을 알게 되었다. 유리를 다양하게 활용하면서 공기처럼 투명한 제스처로 오직 빛과 나의 존재를 드러나게 하는 작품이었다. 그의 작품 포인트는 유리를 다양하게 활용하며, 유리의 중첩을 이용했다는 점이다. 나도 반사적인 이미지를 활용해 스틸, 유리 등의 차가운 재료들의 이미지를 중화시킬 수 있게 천과 같은 재료를 사용할 계획이다.

김윤형, RboW

[추상] 의 표현

재료가 주는 분위기와 감성만 생각한 나머지 그 재료의 특성을 생각하지 않고 설계를 진행해왔다. 이는 모델링을 하면서 나의 고민이 부족하다는 것을 알 수 있었고, 천이라는 재료 특성상 그 자체만으로 고정할 수 없기 때문에 다른 요소와의 결합이 필수적이었다. 하지만 어떤 방식으로 연결할 것인지에 대해 생각하지 않았기 때문에 매핑(Mapping)을 하면서 다음 단계로 나아가는 것이 힘들었다. 이번 일을 계기로 단순히 재료가 가진 물성만 고려하는 것이 아니라 어떤 단위로 끊어지는지, 그 끊어진 재료와 다른 재료 간의 연결 방식 또한 함께 고민해야 한다는 것을 알 수 있었다.
_ 남기훈, WOOYOUNGMI

숲속 호수라는 콘셉트를 어떻게 공간에서 표현하면 좋을지에 대해 생각하는 것이 어려웠다. 호수가 지닌 다양한 요소들을 풀어내서 각 공간에 적용해야 하는데, 고여있는 물처럼 '흐른다'는 동적인 성질을 가진 물이 본연의 물성을 거스르고 멈춰있을 때 더욱 정적으로 느껴진다는 것을 알게 되었다. 그 정적임이 가장 필요한 명상 공간에 빛과 물의 고임을 통해 집중을 만들고자 했다. 물을 투과하여 보이는 빛과 대비를 위해 다른 재질은 모두 잿빛의 콘크리트로 구성했다.
_ 한태민, HEALIENCE

남기훈, WOOYOUNGMI

교수님이 강의하시는 날에 다른 애들은 다 "야, 너 저 그 누구냐.
아무튼 너 뭐 했어! " 하면서 부르시는데 저만 "어, 그래. ○○!
잘 진행해!" 하고 이름을 똑바로 부르고 가셨어요…

사람들이 집에 있는 시간이 길어져서
노래 듣는 일이 많아졌더라구요?
그래서 음향회사를 브랜드로 선정했어요.

설 계 하 는
우 리 들 의
이 야 기

교수님이 술 많이 드시고 필름이 끊겼던 이야기를 해주신 적 있었는데
멋있던 분이 인간미 느껴지는 이야기를 해주시니까 좀 재밌으면서 신기했어요.
그렇다고 안 멋지고 완벽하지 않다는 아니고 그냥 인간미 느껴져서 너무 좋았어요.

형태로 [ ]을 표현하다,
외 부

사람과 마찬가지로 건물의 첫인상을 정하는 것 또한 표면적일 것입니다.
좋은 인상은 사람을 끌어당기고, 그들은 마음 속에 감명을 새깁니다.
그렇기에 우리는 사람들에게 가장 먼저 보여주고자 하는 바를
외부에 담습니다.

형태로 [주변] 을 표현하다

울퉁불퉁하기도 , 완만하기도 하는 등 땅의 형태는 다양합니다.
이러한 지형을 그대로 수용하거나 변형시킴으로써
우리가 보여주고자 하는 외관을 담습니다.

내 매스가 문래동이라는 지역성과 조화를 이루기 위해서는 건물 곡면의 매스와 그 지역의 사각형 매스의 차이를 중간에 연결해 줄 수 있는 무언가가 필요했으며 그것을 '담장'으로 정했다.

그 역할을 수행할 수 있도록 사각형을 기반으로 하여 모서리 부분에 곡선의 요소를 넣었다. 컨펌을 진행하면서 교수님께서 담장의 두께감과 부분적인 모서리의 곡선 처리는 좋지만, 담장의 두께감과 솔리드함으로 인해 무게감이 더해져 내 매스가 갖고 있는 기존의 무게감과 겹쳐 건물의 색을 읽을 수 있으니 무게감을 줄이라고 하셨다.

그래서 두께감을 유지하면서 담장을 잘게 쪼개 무게감을 줄였다. 이는 담장 밖에서 특정한 각도와 위치에 있어야만 그 틈 사이로 내 매스를 볼 수 있게 한다. 주변의 사각형 매스와 내 건물의 곡면 매스가 한 번에 보이는 일이 없어서 시각적인 이질감도 줄일 수 있다.
_ 권병국, FE26

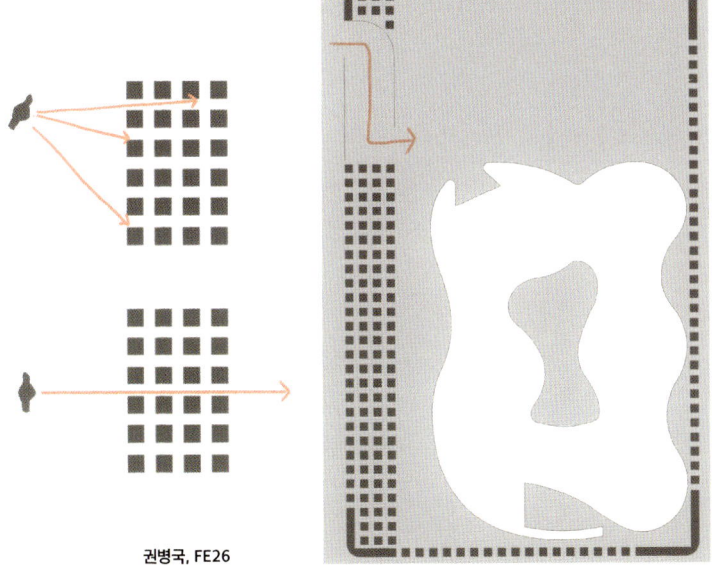

권병국, FE26

형태로 [주변] 을 표현하다

사이트의 모양이 평소에 많이 접했던 직사각형의 형태가 아니었기 때문에, 사이트 모양에서 축을 잡아 매스를 그렸던 루틴이 흔들렸다. 그래서 외부 디자인에 시간을 가장 많이 쏟았는데, 실내건축학과라면 실내 디자인에만 신경 쓰는 것이 아닌가? 하는 생각을 할 수 있지만, 외부에서 시작해 내부까지 통일성을 가지고 공간을 끌고 가는 것 또한 실내건축학과로서의 과제라고 생각했다. 설계를 진행하면서 형태는 바뀌었지만, 초반 매스에서 수평적으로는 폐쇄적이면서 수직으로는 개방적인 요소들을 그대로 가져가려고 했다.
_ 이지현, ANTIQUE SHOP

온갖 화려함이 난무하는 청담에서 내 공간은 어떤 첫인상을 주어야 할까. 이것에서 시작한 고민이 매스로 이어졌다. 경사진 도로에 홀로 더 높이 올라가려고 하는 듯 땅을 인위적으로 높인다. 그렇게 만들어진 인공적인 경사 위로 나의 공간을 올린다. 안정적으로 올리지 않는다. 공간을 내세우려는 듯 경사 바깥으로 매스를 내놓는다. 경사를 통해 매스의 아래로 공간에 입장한다. 이곳에 하늘 끝까지 개장된 천장으로 한 번 더 임팩트를 준다.
_ 신유근, 려 : 呂

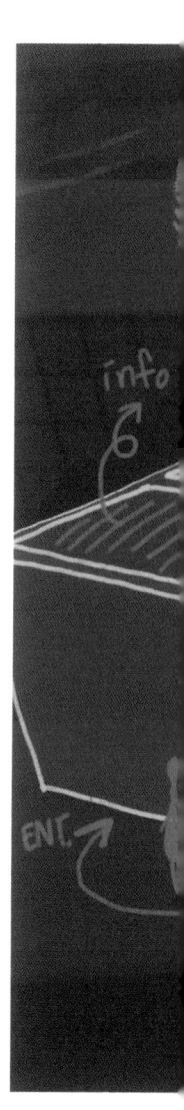

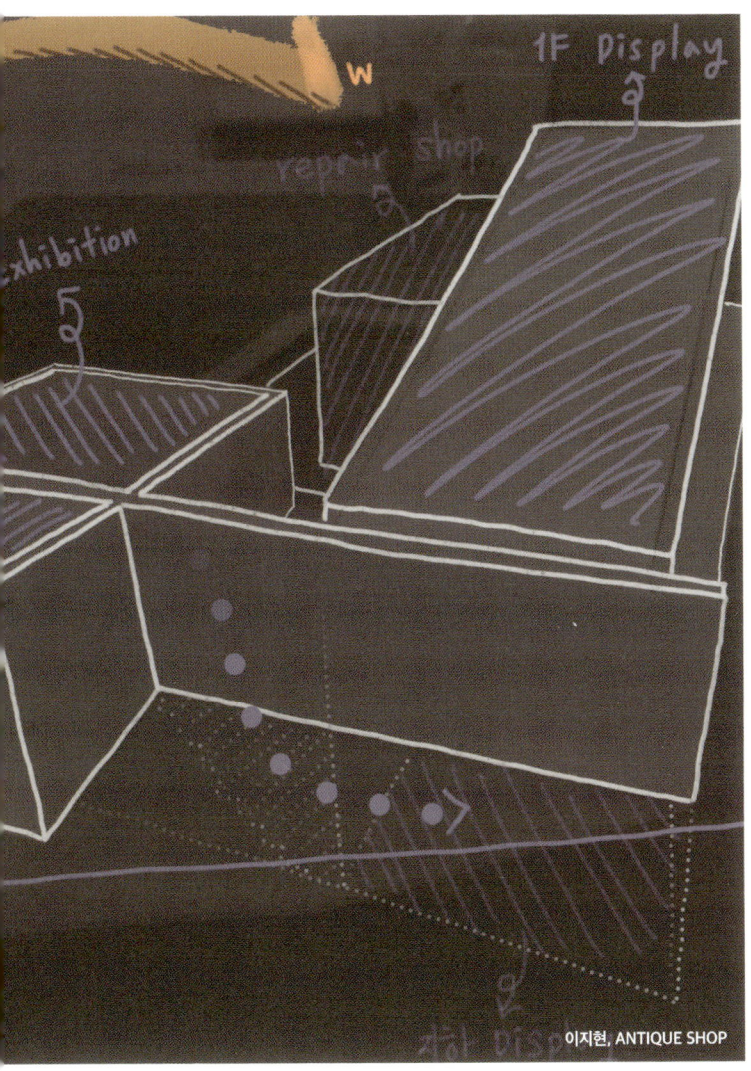

이지현, ANTIQUE SHOP

형태로 [주변] 을 표현하다

이찬희, 창신동 동네 약국

주변 건물의 조형적인 분위기와 공간의 경사와 그 활용을 그대로 내부에서 보여주기에 땅의 형태를 수용하는 방법이 가장 적절하다고 생각했다. 지형의 옆 경사로를 따라 선 건물이 골목을 만들어낸다. 이러한 요소를 설계할 수 있는 구조를 구상하며 디자인을 진행했다.

길게 뻗은 담장 끝에 살짝 드러난 「약국」이 언덕길 위에서 짧은 여정을 만들어 낼 수 있다는 것이 재미있어 보였다. 또한, 선으로 볼륨과 매스를 빚어내기에 적절하다는 생각이 들었다.
_ 이찬희, 창신동 동네 약국

형태로 [개성] 을 표현하다

모든 기업과 브랜드는 가지각색의 특징을 지닙니다.
우리는 이 독창적인 색깔들이 건물의 외면에서부터 드러나길 바랐습니다.

매스를 계획하며 공간의 큰 그림을 그리기 시작했다. 시퀀스*를 만드는 것이다. 접속과 분절을 어떻게 꾀할지 고민하며, 이를 통해 내가 의도한 경험과 분위기를 연출한다. 어딘가로 향하는 길은 어딘가로부터 멀어지는 과정이기도, 그 사이를 잇는 매개이기도 하다. 이렇듯 길은 변화의 시퀀스를 담는다.

길을 따라 걷는다. 가장 먼저 보이는 매스는 문(門)의 역할을 한다. 대문을 열고 공간에 들어서는 한옥처럼, 내부로 맞이하는 문이다. 문 너머로 남향의 정원과 북쪽으로 트인 강이 펼쳐지는 다이닝 공간에서 락(樂)의 체험이 있다. 이후, 지형을 따라 내려온 스테이에서 아늑한 휴(休)를 경험한다.
_ 박유진, 광주요

시퀀스 (Sequence)
여러 공간의 장면들이 모여 만들어진 흐름, 이야기.

솔리드 (solid)
공간이 빈 곳 없이 꽉 찬

보이드 (void)
공간이 비어있는

매스가 너무 쪼개지지 않았으면 하는 바람이 있었다. 콘셉트에 따라 매스 스터디를 진행하다보니 자꾸 분할이 되어 미로 같은 느낌을 받았다. 내가 해석한 「LE LABO」라는 브랜드는 다이내믹하지만 그리 화려하진 않았다. '실험실'이라는 브랜드 콘셉트에 맞게 긴 구조의 형태를 고집하고 있었으며, 클래식하고 차분한 분위기를 자아내고 있었다. 이번 공간은 콘셉트와 브랜드를 잘 융합시키는 게 제일 중요했다.
_ 장하은, LE LABO

처음엔 온라인과 오프라인 공간을 '솔리드* 매스'와 '보이드* 매스'로 나누려 했다. 하지만 모형을 만들자 솔리드 공간의 거대한 벽이 눈에 띄어 답답해 보였다. 방법을 고민하던 중, 교수님께서 보여주신 매입된 형태의 건물이 생각났다. 매스를 땅 속으로 내리면서 건물에 들어오지 않아도 한남동 전경을 바라볼 수 있게 됐다. 하지만 기존 보이드 공간의 느낌이 살지 않아 이를 솔리드 공간보다 축소시켰고, 이로 생긴 빈 공간은 테라스처럼 전경을 볼 수 있도록 만들었다.
_ 최세빈, 29CM

형태로 [개성] 을 표현하다

매스와 공간을 구성하면서 가장 중요하게 생각한 게 있었다. 바로 '나만의 조형언어'였다. 회화(繪畫)작업을 진행할 때에도 쓰이는데, 이를 갖고 있다는 건 나를 한마디로 정의할 수 있는 힘이라고 생각했다.

매스를 구상하면서 천의 다양한 색감 처리와 제품 디스플레이 부분을 고민했다. 그래서 생각한 방법은 '지형의 높낮이 차이'를 주는 것이었다. 이는 천을 계열별로 쉽게 구분할 수 있고, 사람들 동선에 목적성이 생겨 쇼핑시간을 줄여줄 거라 생각했다.
_ 신인혜, 바른

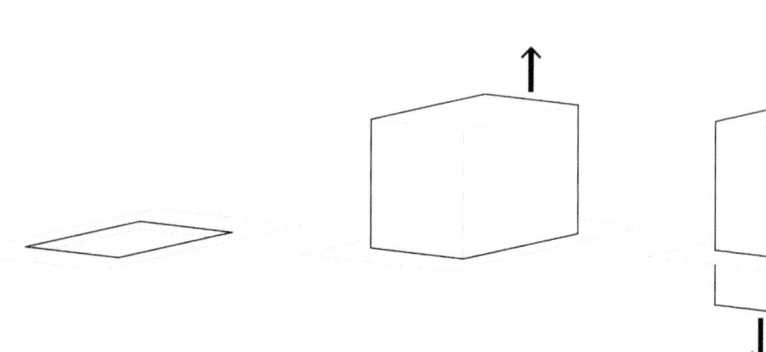

「A.P.C」는 30년 뒤에도 옷장에 남아있을 옷이라고 한다. 원단이 튼튼하다는 뜻이기도 하나, 베이직한 이들의 미니멀리즘이 유행을 타지 않는다는 의미이기도 하다. 이러한 철학을, 대지 형태를 따라 올라온 매스에 최소한의 변화로 나타내고자 한다. 사선 벽을 활용해 이태원로에서 주출입구로 유도하고, 지하의 서브 동선은 한남동 카페거리에서의 자연스러운 출입을 유도한다. 창문의 최소화로 A.P.C 셀비지진만의 드러나지 않는 로고를 표현하며 천창으로 빛을 유입시킨다.
_ 진건우, A.P.C.

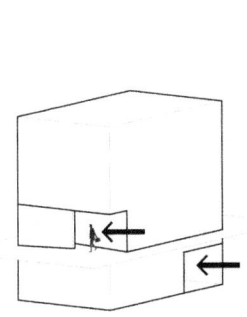
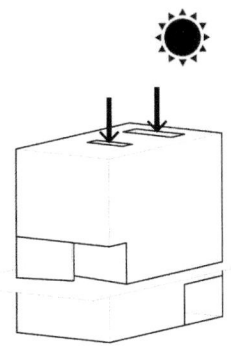

진건우, A.P.C

형태로 [개성] 을 표현하다

나에게는 세 가지의 공간이 필요했다. 각 공간에 따른 매스의 형태와 그 매스 간 관계에 대해 고민이 됐다. 공간을 새롭게 구성하는 과정에서 기존「프라이탁」의 정체성과 분위기를 가져오는 게 중요하다고 생각했다. 프라이탁 사옥은 '버려지는 컨테이너'를 가져와 공간을 구성했다. 컨테이너는 유니크하고 강력한 이미지를 가지고 있으며, 프라이탁의 콘셉트인 'RECYCLING' 이라는 가치관 역시 포함했기에 알맞다는 생각이 들었다.
_ 권소현, FREITAG

김희수, m.a+

브랜드 이미지가 강한 와중에 내가 표현하고자 하는 공간이 콘셉트가 매스에 온전히 녹아 나와야만 한다고 생각해서 매스를 잡는 데에도 상당한 시간이 소요됐다. 내가 만든 벽돌이 막다른 길을 만들어낸 것 같았다. 왜 아직도 여기서 헤매고 있냐는 물음에도 아무런 대답도 하지 못했다. "단순하게 생각해. 우린 실내건축학과야!"라고 하시는 교수님의 조언에 처음으로 돌아가 다시 생각해보게 되었다. 그러다 보니, 매스는 내 공간의 전반이 아니라 공간을 표현하는 여러 수단 중 하나라는 결론에 도달했다. 따라서 여러 재료의 복합적인 매스보다는, 직사각형으로 시작하여 깔끔한 브랜드의 시그니처(+문양)를 벽의 조합으로 나타냈다.
_ 김희수, m.a+

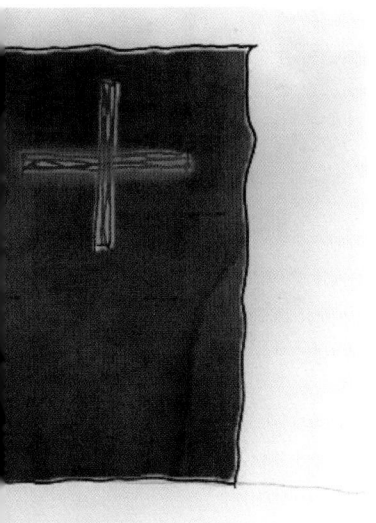

형태로 [개성] 을 표현하다

매장 자체의 향을 느끼는 공간에서 제품 체험 공간으로, 그리고 차를 마시는 공간까지 이솝을 경험하는 여정을 위한 동선을 중요하게 생각했다. 대지 내부에 정원을 두어 모든 공간이 정원으로 연결될 수 있는 것도 중요한 점이었다. 그래서 매스를 크게 두 덩어리로 잡고, 다리를 이용해 서로를 연결하는 조닝*을 구성하였다. 그러나 이솝은 간결하고 절제된 디자인을 추구하기 때문에 매스에 크게 신경 쓰지 않고, 최소한의 형태로만 매스를 구성할 계획이다.

_ 장유리, Aesop

조닝 (zoning)
공간의 기능이나 역할에 따라 공간을 구획하는 방법

「단하」가 가진 아이덴티티를 돋보이게 할 수 있는 매스로 고민했다. 한복에서 시작한 차분하고 정돈된 이미지를 '조각보'로 표현했다. 조각들이 맞물려 관계를 만들고, 그 속엔 단하를 찾은 사람들의 발걸음이 오간다. 매스엔 우리가 스며들고 공간엔 자연이 스며든다. 고즈넉한 향을 남기려, 우리가 느낄 수 있는 감상적인 것을 드러낸다. 공간에서 느껴지는 고즈넉한 분위기에 단하의 의외성을 얹는다면, 재료가 표현 방법이 되지 않을까. 재료에서 반전을 두어 다양한 톤을 만들어 내려 한다.

_ 전혜윤, DANHA

전혜윤, DANHA

형태로 [생각] 을 은유하다

우리는 공간에 생각을 담습니다.
하나의 주제 안에서 외관의 이야기를 풀어냅니다.
사람들은 우리가 생각한 결에,
가랑비에 젖듯 점차 스며들게 됩니다.

관계를 재정립하여 거리감을 조절하는 것이 이번 콘셉트라서 1:1, 1:다(多), 다:다, 공간:1, 공간:외부 관계들을 디자인에 적용하려 했다. 공간을 유동적으로 변화시키면서 관계의 흐름을 정리하여 관계의 축을 형성했다. 내부가 이렇다 보니, 외부도 형태가 복잡하다면 내부 공간의 흐름에 방해되기 때문에 매스의 형태는 단순하게 정리하려고 노력했다.
_ 이주현, 오설록

공간이 고정되지 않고 자유롭게 변화할 수 있는 구조를 만드는 것이 먼저였다. 그래서 르 코르뷔지에(Le Corbusier)의 '도미노 시스템'을 스터디하면서 벽의 한계에서 벗어나 자유로운 평면을 가능하게 했다. 여기에 수직 방향의 자유로움을 위해 천장과 벽을 덜어내어 '틀'만 남겼다. 채워질 공간과 비워질 공간, 그 공간들의 조화를 중요하게 생각하고 설계를 진행했다.
_ 손채영, Aesop

손채영, Aesop

형태로 [생각] 을 은유하다

이은지, DOWNTOWNER   홀로그램 아크릴과 빛을 활용하여 나의 콘셉트인 'Silhouette - space of light'를 구현하기 위 다채로울 수 밖에 없다. 따라서 매스는 최대한 심플하고 화이트 톤으로 마감을 하여 실내에 들어갔을 때 공간이 더욱 돋보이게 할 것이다. 내부의 경우에는 아크릴에 사선으로 비추는 빛이 중요하기 때문에 평면과 입면에 사선을 넣을 생각이다.

평소 설계를 할 때 '이 공간은 이랬으면 좋겠다'는 생각으로, 입체적인 상상을 하면서 평면을 그린다. 그러나 이번엔 더 디테일하게 치수를 정하고 싶었고, 교수님께서도 모형을 통해 정확히 치수를 정해보라고 하셔서 모형을 크게 만들었다. 그러자 이전엔 보이지 않던 부분들이 보이기 시작했다. 이를테면 도면에선 넉넉하게 느껴지던 것이 모형에선 너무 비어 보였다. 모형은 시간은 오래 걸리지만 그만큼 디테일을 잡을 수 있어서 좋은 방식임을 느낄 수 있었다.

_ 김윤형, RboW

모형을 만들면서 곡선을 잘못 잘라 덧대어 붙이기도 했고, 홀로그램 필름을 붙이는 것 또한 기포가 생겨 정말 쉽지 않았다. 실제로 모형을 만들어보니 도면으로는 알 수 없던 디테일을 확인할 수 있어서 힘들었지만 꼭 필요한 과정이라는 생각이 들었다. 홀로그램 아크릴 파티션이 빛을 받아 다양한 색이 나타나면서 콘셉트가 잘 표현 된 것 같아 다행스러웠다.

_ 이은지, DOWNTOWNER

형태로 [생각]을 은유하다

공간을 제공할 때 개념화된 내용을 간단하게 표현하는 것은 중요한 과정이다. 우리가 상대하는 고객은 전문가가 아닐 수도 있기 때문에 그들이 알기 쉽게 구성해야 한다.

콘셉트에서 말했듯 사람이 옷을 입는 모습을 생각하여 옷을 구성하는 치수를 매스에 대입했다. 우선 <약연사, 보통, 강연사, 축연사> 총 4가지 언어의 치수를 비율화하여 각각 1, 2, 4,6이라는 개념이 나왔다. 이렇게 개념화된 내용으로 매스를 구성하고 이후에는 실내 공간의 분위기 연출을 위해 각 공간마다 언어를 주는 것이 좋겠다고 생각했다. 공간마다 심리적으로 안정적인 느낌을 주기 위해 <피난처성, 흐름, 허공, 조망성> 4가지를 매스 속에 언어로 지정했다.

_ 윤상규, Youn Hyun Trading

윤상규, Youn Hyun Trading

중간 마감 때는 매스까지 스터디했었다. 급하게 준비한 감이 있었고 나 자신도 만족스럽지 않았지만, 교수님들께 '1차원적'이라는 말을 들은 건 생각보다 충격적이었다. 콘셉트를 매스로 풀어보는 것은 이번이 처음이라 더욱 어려웠던 것 같다. 이후, 1차원적인 표현에서 벗어나는 것을 중점으로 스터디하고 있다. 지금은 얼추 길을 잡고 진행 중에 놓여있으니 교수님이 후에 보게 된다면 1차원적이라고 생각하지 않아주셨으면 한다. (1차원적이라는 말에 상처를 많이 받았던 것 같다.)

_ 양찬희, LOOP

형태로 [생각] 을 은유하다

'더불어 살다'란 주제를 가지고 공간을 풀어보고자 했다. 물리적으로 같이 있는 것만이 '더불어'에 해당되는 것은 아니라고 생각한다. 때문에, 매스를 'ㄷ자 형식'으로 배치하여 소위 말하는 중정을 통해 각 매스에 있는 사람들의 시선이 '공유'되도록 의도했다. 한편, 각 층의 시선이 엇갈리도록 1층과 반대 위치에 2층을 쌓아보았다.

리노베이션을 준비하며 매스에 대한 고민이 많았다. 간단하게 본래 건물을 모두 이용하려고 했지만, 교수님과의 컨펌을 통해 본래의 건물 규모 전부를 써서 「파타고니아」의 공간으로 꾸리기엔 무리가 있다고 판단이 섰다. 필요 이상의 건물 면적을 덜어내고 매스를 줄여 콘셉트에 다가가기로 했다.

_ 이선영, patagonia

이선영, patagonia

형태로 [생각] 을 은유하다

한태민, HEALIENCE

매스는 크게 <로비, 부대시설, 요가 공간, 명상 공간>의 4가지로 나뉜다. 수 공간을 중심으로 대칭을 이루는 형태의 매스는 공간의 기능에 맞게 4개로 분절되어 산책로와 공간들을 연결하는 동선을 만든다. 수공간은 고여있는 물과 오브제로 위치하고, 각 공간에서 이를 바라볼 수 있도록 설계해 수공간에서 보여주는 정적임을 모든 매스에서 느낄 수 있도록 유도했다.
_ 한태민, HEALIENCE

[이어지다]라는 컨셉이 매스에서도 연상되면 좋을 것 같다고 생각했다. 그래서 처음에는 내부에서 뻗어 나온 선들이 외부로 연결되는 형태를 생각하고 매스를 만들었다. 하지만 컨펌 중에 교수님께서 선이 나타내는 이어짐이 아닌 건물 자체가 이어짐을 보여주면 좋겠다고 말씀해 주셨다. 그렇게 하기 위해서는 매스 크기가 커지게 되고, 사이트를 다시 선정해야 했지만 건물 자체의 이어짐을 보여주는 것이 나쁘지 않다고 생각해서 사이트를 바꿨다. 두 번째 매스는 크기가 다른 두 가지의 형태와 담장이 이어져 매스를 형성하고 있었다.

이를 조금 더 발전시켜 다시 만든 매스는 크기가 다른 두 가지의 형태와 담장이 이어지되 그 이유가 담기도록 했다. 스케일이 큰 흰색 또는 반투명의(아직 어떤 식으로 구성할지 정하지는 못했다.) 외벽이 검은 사각형 외벽을 감싸며 유리창을 통해 두 형태가 이어져 보이도록 만들었다.

_ 박민아, 文方四友

형태로 [생각] 을 은유하다

처음 결정했던 직사각형의 긴 두 개의 매스를 나란히 배치하려던 계획은 컨펌 이후 완전히 틀어져 버렸다. 비용과 같은 현실적인 문제를 지적받아서 최종적으로 중정이 있는 2층의 매스를 선택했다.

「LE LABO」는 제품이 많지 않기에 사각형 매스는 동선을 따라 자신의 향수를 찾아간다는 콘셉트에 어울리지 않는다고 생각했다. 따라서 동선을 한 번 꼬아 시향 공간과 조향실이 이어지도록 했다. 시향 공간에서는 단차를 둬 향수 내에서 나뉘는 원료를 공간에 전시할 계획을 세웠고, 매장 진입부는 루버 사이로 들어오는 중정 식물의 향과 LE LABO의 분위기를 느끼도록 만들계획이다.

_ 김희정, LE LABO

해마다 설계 교수님들이 바뀌다 보니, 각 교수님들이 바라는 스타일도 다양했다. 2학년 땐 교수님이 매스를 먼저 생각하지 말라고 항상 말씀하셨는데, 실내가 주 공간이 되어야 하며 틀을 먼저 잡으면 그 안에서 갇힐 수 있기 때문이었다. 2학년이 본격적으로 설계를 배우는 시기다 보니, 배운 걸 토대로 설계를 시작할 땐 보통 매스의 형태보단 공간의 구획을 먼저 하는 편이다.

이번에는 공간의 경계를 모호하게 하는 것에 초점을 맞추다가 자연스럽게 매스와 실내 공간 구획이 같이 이뤄졌다. 실내 공간에 집중해 설계하려고 노력하지만, 겉으로 보이는 매스 또한 무시할 수 없다. 매스를 구획하고 조정하면서 비율에 대한 고민을 많이 하는데, 실내 공간과 밸런스를 맞추는 것은 아직까지도 어려운 점 중 하나인 것 같다.

_ 최한비, LAKA

너희들이 공부하고 조사한 내용, 좋다 이거야.
이해는 했는데 시각적으로 모형을 만들어보고
실제 소재로 표현하면서 설득해봐야 되지 않을까?

때로는 따뜻한
때로는 차가운

교수님   밥은 먹었니?

학생   아니요. 이제 가요!! 편의점에서 김밥 먹으려고요.

교수님   차가운 거 먹지 말고 뜨끈한 국밥 같은 거 먹어!!

형태로 [ ]을 표현하다,
내 부

우리는 '실내' 건축을 행합니다.
지금까지의 여정은 바로 '내부 공간'이라는 종착지에 닿기 위함이었습니다.
사람들은 발이 이끄는 대로 거닐며 공간을 탐색하고, 다양한 경험을 합니다.
우리에겐 각자 의도한 바가 있으며 이를 고유한 언어로써 내부에 담습니다.

[미]의 언어

사람은 자연과 더불어 살아가는 존재입니다.
더불어 산다는 것. 그것을 공간에 담기 위해 시도하는 것.
주변을 고려하여 구조 또는 형태적으로 조화로움을 표현합니다.

자연 속에서 꽉 막힌 것을 찾기란 어려운 일이다. 산 너머에 또 산이 보이고, 하늘의 구름도 그 뒤에 다른 구름이 놓인다. 어쩌면 이렇듯 불완전하고 무질서한 것이 곧 자연스러운 것일지도 모르겠다. 나는 내 상업 공간이 자연과 닮기를 바랐고, 따라서 이러한 '자연스러움'을 중요하게 생각했다.
_ 손민우, 식물의 취향

건물 내부 중정에 있는 수(水)공간을 사람들이 드나들 수 있는 공간으로도 활용할 수 있게 했다. 교수님께서는 수공간의 발판으로 쓰인 돌의 형태가 너무 자연적인 요소가 강하다고 하시면서 직선 요소를 추가하길 권했다. 더불어 수공간의 캐노피* 형태에만 너무 초점을 맞춰 발판의 범위를 제한하지 말라 하셨다. 이번엔 디테일 요소에 신경 쓴 한 주였다.
_ 권병국, FE26

캐노피 (canopy)
외부에서 처마의 역할을 하는 덮개

성수동 사이트는 동네가 모두 평지이다. 교수님께서 임의대로 지형을 올려 그것이 내부와 외부가 이어지게끔 표현하면 어떻겠냐고 피드백을 주셨다. 「파타고니아」는 자연과 환경을 중요시하는 브랜드이기에 지형을 올려 자연을 만들고, 그것으로 주변 사이트와의 경계를 만들면 의미 있을 것 같았다. 때문에 이는 수공간을 자연스럽게 조성하고 내외부의 경계를 허물 것이라 생각했다.
_ 이선영, patagonia

이선영, patagonia

[미] 의 언어

1층은 최소한의 영역만 남기고 밀도감을 이용하여 채움으로써, 숲속 자연과 같은 느낌을 내기 위해 매스를 자연 쪽으로 향하게끔 잡았다. 2층에선 사우나 시설 하나를 모듈로 잡고, 그 형태를 하나에서 많게는 네 개까지 겹치도록 했다. 이를 위에서 보면, 또 하나의 형태를 이루어 모듈의 딱딱함이 줄은 걸 알 수 있다. 창을 자연을 향해 만듦과 동시에 내부에 밀도감과 보이드 공간을 통해 자연을 들임으로써 공간에 더욱 고르게 자연을 담았다.

_ 유정원, Sauna

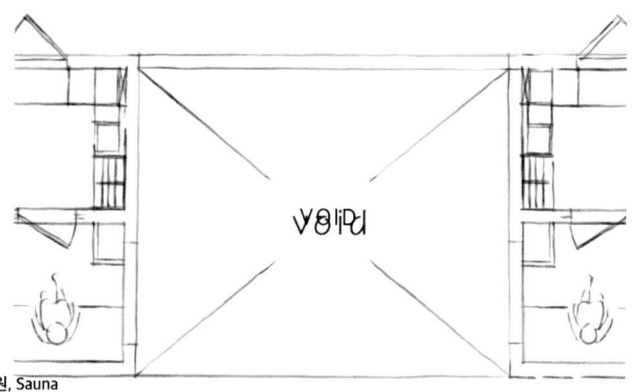

유정원, Sauna

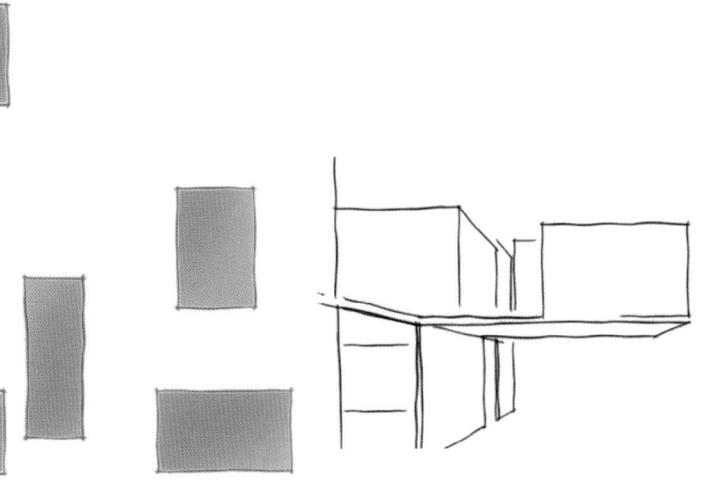

컨펌을 받고도 문제를 이해하지 못해 어려웠다. 하고 싶은 걸 하는 게 잘 못된 것 같고, 같은 생각을 반복하다 보니 되려 생각에 갇힌 것 같아 혼란스럽기만 했다. 복잡한 심정으로 다시 컨펌을 받았을 때 교수님은 이해 못 하던 부분을 바로 해결해 주셨고, 내가 경험이 부족하기 때문이라고 하셨다. 여전히 개인적 욕심, 브랜드의 이미지, 콘셉트를 공간에서 다루는 건 어렵다. 그래도 계속 의문을 제기하고 해답을 찾는다면 언젠가는 모두 적절히 혼합되어 있을 것 같다.

_ 김윤형, RboW

[미] 의 언어

이교성, Santa Maria Novella

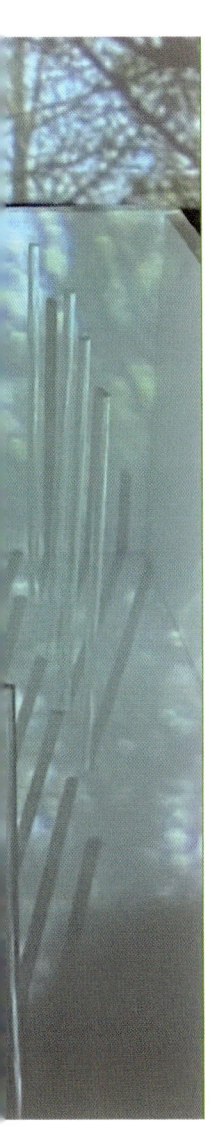

내부의 구조나 동선은 진행 중이다. 작은 면적에 내부 공간까지 너무 옹졸하게 사용하다 보니 답답하고, 어지러운 형태였다. 이를 해결하기 위해 먼저 필수적인 요소들의 면적을 넓혔다. 계단을 중심으로 양쪽에 브릿지 형식의 통로를 통해 브랜드의 상품 판매의 영역을 분류하고 사람들이 모든 매장을 둘러볼 수 있도록 동선을 유도했다.

제안서를 제출하기 전, 교수님과의 컨펌을 통해 지하의 전시공간이 완전히 변화가 됐다. 어두운 지하공간에 원료가 들어있는 파라핀 기둥들이 펼쳐진 공간이었는데, 조명이 파라핀 벽을 통해 들어오면서 햇빛이 들어오는 공간으로 조성되었다. 가장 큰 변화는 아치형 지붕이다. 아치 형태의 공간에 빔프로젝터의 빛으로 가득 채워 뻔하지 않은 공간이 되었다.

_ 이교성, Santa Maria Novella

[미]의 언어

서울의 땅에서 빈 곳에 대한 수요는 많아질 것이며, 따라서 작은 땅이어도 알차고 소중하게 여겨야 하다고 느꼈고, 이는 넓은 부지에서도 '의미 있는 공간의 필요성'을 생각하게 되는 계기가 되었다. 내가 디자인한 공간은 여백이 너무 많아서, 힘 있게 느껴져야 할 공간마저 그렇게 보이지 않게 됐다. 그래서 쇼룸 형식의 전체적인 분위기를 잡아주는 공간을 더했고, 이는 크고 작은 여백이 대조를 이루어 이전의 도면보다 개선되었다는 판단이 들도록 했다.
_ 장준희, THE CASHMERE

장준희, THE CASHMERE

[미] 의 언어

분리된 것을 세로로 긴 창을 통해 연결하고, 너비가 달랐던 사각형들을 통일하여 단정하면서도 간결한 평면구성을 하고자 했다. 두 사각형이 합쳐진 공간은 내부의 크기가 줄어든 대신, 외부와의 연결을 위해 한옥의 툇마루 공간을 만들었다. 이는 내부 공간을 외부로 확장시키는 느낌을 더해줄 것이다. 한옥의 마당처럼 사이트 안에 조경계획을 하고 도산공원 view 확보를 위해 단차를 만들 계획이다.
_ 장유리, Aesop

'환기'는 밖과 안의 공간이 매개체를 통해 공기가 순환될 수 있게 하는 것이다. 이는 사람이 공간 안에 머물러 있기 때문에 공기를 순환시킴으로써 환기를 시키는 것인데, 반대로 사람이 직접 움직이며 생기는 공기의 이동으로 환기가 이루어질 수 있지 않을까? 라는 생각을 했다. 때문에 사람들의 자연스러운 이동이 만들어지는 동선을 유도하고자 했다. 내벽에 문을 두지 않고 내벽을 외벽보다 길게 배치하여 사람들이 내벽을 따라 밖과 암을 자연스레 드나들게끔 하였다.
_ 최세빈, 29CM

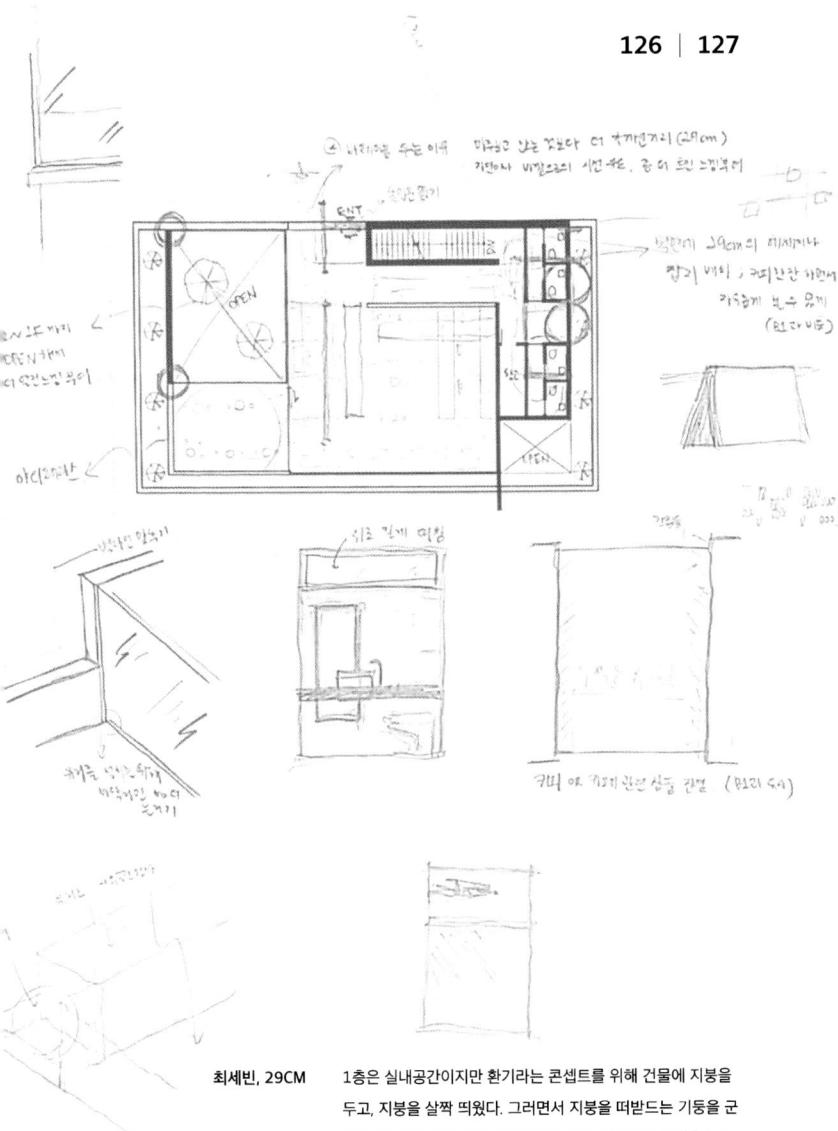

최세빈, 29CM

1층은 실내공간이지만 환기라는 콘셉트를 위해 건물에 지붕을 두고, 지붕을 살짝 띄웠다. 그러면서 지붕을 떠받드는 기둥을 군데군데 배치하였다. 콘셉트로 들어간 긴 축의 벽은 동선을 유도함과 동시에 지붕을 떠받드는 하나의 기둥역할을 하기도 한다.

[행위] 의 언어

사람마다 경험의 해석은 다양합니다.
우리는 사람들이 공간에서 일어나는 행위,
그 자체에도 의미가 담기기를 바랐습니다.

'길'과 '곳'이 있다. '곳'으로 향하기 위한 '길'이다. 길에서는 사용자가 좁혀진 볼륨* 사이를 걷는다. 시선이 차단되어 좁고 폐쇄적이다. 동動의 공간이다. 늘어진 동선을 따라 걸으며 사용자는 곳에 대해 상상하고, 긴장감을 느낀다. 곳에 도착하는 순간, 시선이 열리고 볼륨이 확장된다. 사용자는 개방감과 함께 공간을 마주한다. 그리고 머무른다. 정停의 공간에서 머무르며 편안하게 자연과 문화를 풍류한다. 길과 구분되어 있기에 동선이 닿지 않는다. 온전히 머무를 수 있다.
_ 박유진, 광주요

어렵다. 특별함과 고급스러움으로 승부하는 청담에 내가 뛰어들다니, 교수님은 심히 나를 걱정하였고 그 걱정은 빗나가지 않았다. 공간이 애매하고 재미없다. 불필요한 공간이 많다. 너무 뻔한 시골 동네 공간이다. 유명 건축가인 Barbosa의 Centro multiusos de lamego 매스를 참고하기로 했다. 긴 매스에 사람들이 한발 한발 들어가면서 체험하게 되는 공간으로 내부가 구성될 것이다.
_ 신유근, 려 : 몸

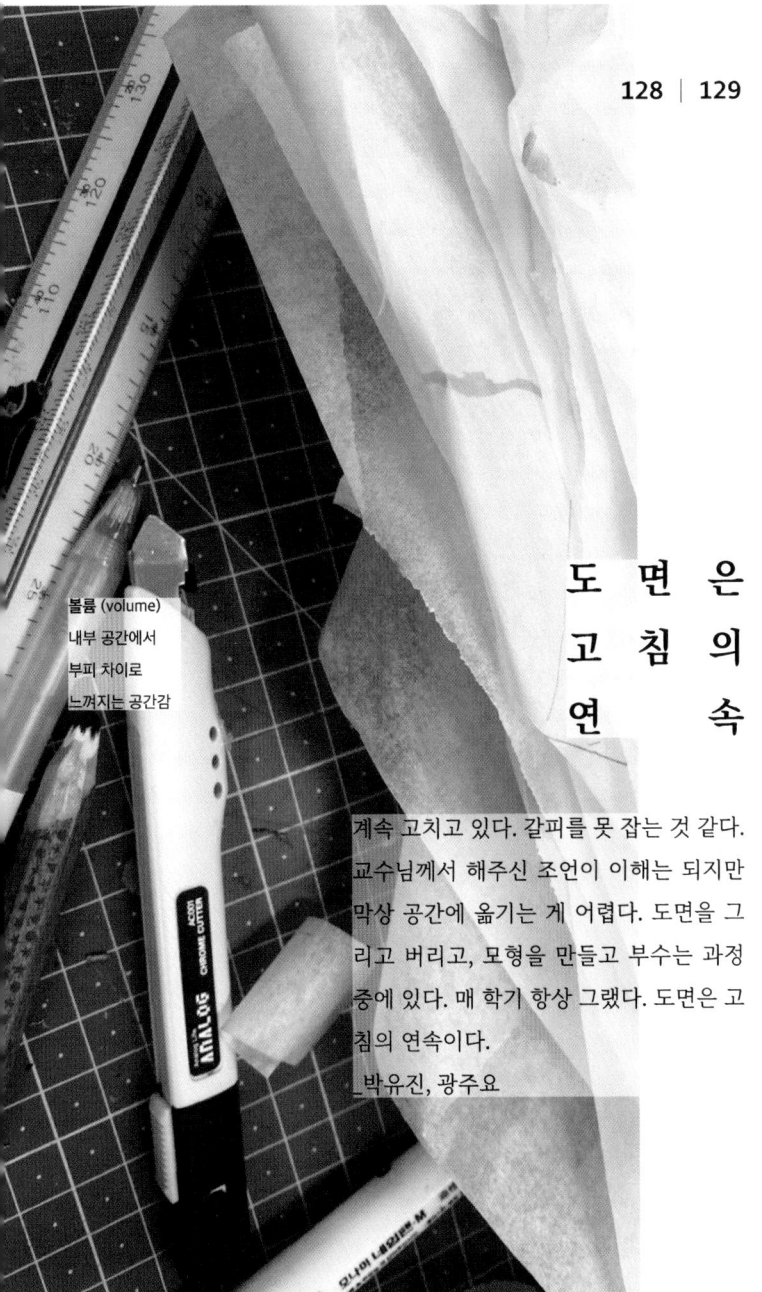

도면은 고침의 연속

볼륨 (volume)
내부 공간에서
부피 차이로
느껴지는 공간감

계속 고치고 있다. 갈피를 못 잡는 것 같다. 교수님께서 해주신 조언이 이해는 되지만 막상 공간에 옮기는 게 어렵다. 도면을 그리고 버리고, 모형을 만들고 부수는 과정 중에 있다. 매 학기 항상 그랬다. 도면은 고침의 연속이다.

_박유진, 광주요

[행위] 의 언어

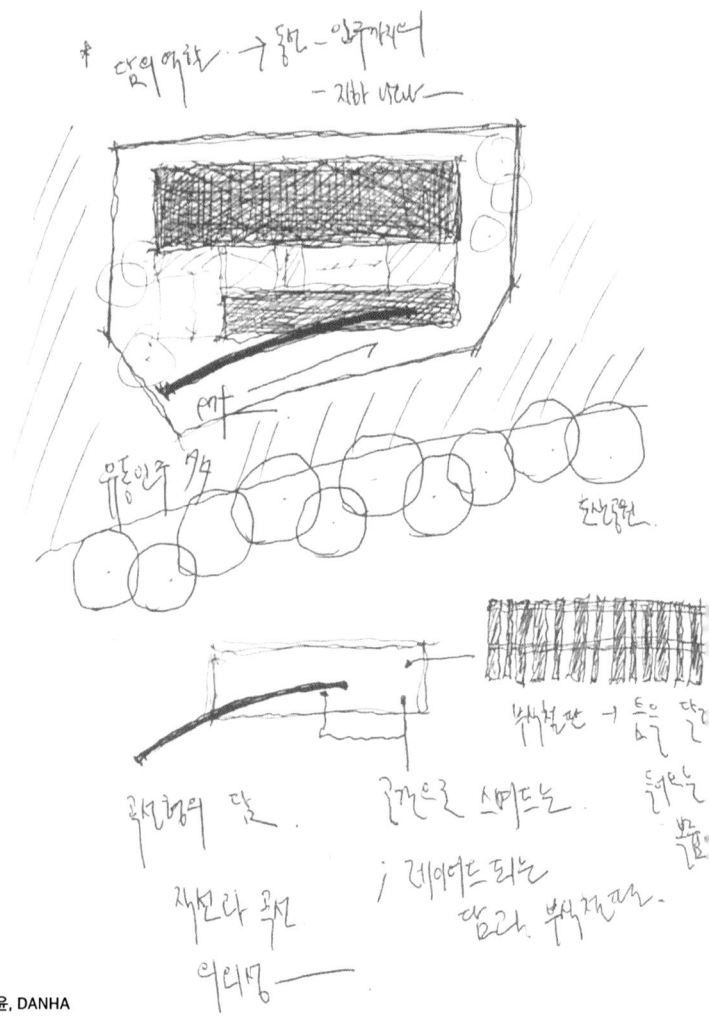

전혜윤, DANHA

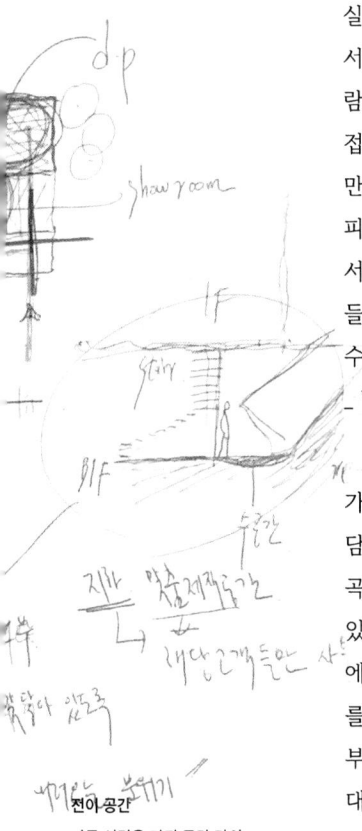

전이 공간
다른 성격을 가진 공간 간의 충돌을 줄이기 위한 연결부 (ex. 해리포터 런던의 9와 4분의 3 정류장)

평면을 그려가며 실루엣을 만들기 위해 많은 고민을 하였다. 벽은 겹겹이 중첩되어 실루엣의 밀도를 조절하고, 좁은 통로 폭은 서로의 인기척을 느낄 수 있게 한다. 1층 사람들이 실루엣을 느낌과 동시에 불필요한 접촉은 줄이는 것이다. 2층에서는 눈으로만 보던 옷을 직접 입고 경험해볼 수 있다. 피팅룸 없이 커튼이 잔뜩 존재하는 영역에서 자유로이 옷을 갈아입고, 거울로 된 벽들을 지나다니며 사방으로 옷 태를 바라볼 수 있길 바랐다.
_ 남기훈, WOOYOUNGMI

가장 먼저 볼 수 있는 요소는, 그저 세워진 담이 아닌, 입구로써 발걸음을 끌어들이는 곡선의 담이다. 이 담을 전이 공간*이 될 수 있는 복도 공간의 내부로 끌어들여 도입부에서 부드럽게 스며들어가는 공간의 조화를 느낄 수 있다. 공간 내부에서 보이는 외부의 장면과, 외부를 내부에 들이는 것들에 대한 평면 고민을 마무리하는 단계였다. 이를 표현하기 위해 재료나 디테일 디자인을 진행하고 있다.
_ 전혜윤, DANHA

[행위] 의 언어

콘셉트로 생각했던 모형이 공간 안에 두드러지면서 디스플레이에 내가 원하던 효과를 줄 수있는 건 맞는지 오히려 묻히는 부분이 있을지 두려운 면이 있었다. 얼마 남지 않은 시간 속에서 이런 부분이 두려웠던 것 같다.

콘셉트의 '꼬인 선'을 공간 속으로 들여 점차 퍼져가는 것을 표현하려 노력했다. 물성에 그림자가 지면서 그것이 제품에까지 녹아드는 모습이 개인적으로 마음에 들었다. 3D 이미지와 단면을 보면서, 지금까지 걸어온 디자인 방향에 오류가 있진 않았는지 되돌아보는 시간을 가졌다. 최종적으로 그 모습이 만들어졌을 때의 기분은 단연 최고라 표현할 수 있겠다.

_ 윤상규, Youn Hyun Trading

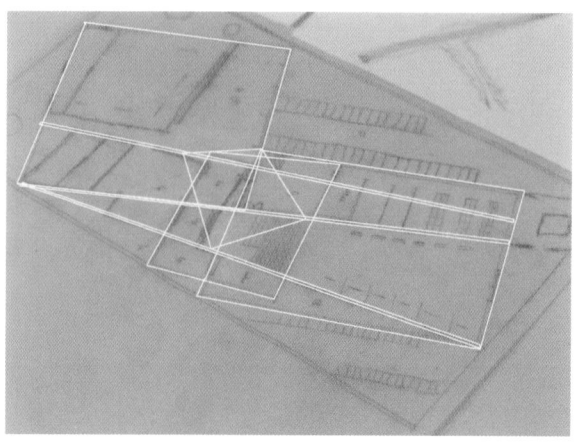

윤상규, Yoon Hyun Trading

[주목] 의 언어

상업 공간에서 조명을 받을 곳은 어디인가.
우리는 본질적인 것에 집중하기로 했습니다.

매장 동선은 입구에서 가장 핵심 공간인 'concept display'로 가는 구조로, 지하에서 매장이 시작된다. 필요한 최소한의 것 외에는 설치하지 않았으며, 벽면은 목재 라멜라 벽 루버* 구조로 빛과 공기를 허용해 외부와 연결돼있는 공간을 만들어준다.

메인 공간에서 가장 고민했던 부분은 천의 유연함을 사람들의 동선에 구애받지 않고 보여주는 것이었다. 그래서 등고선이 있는 지형으로 택했고, 자연의 오브제들을 동원해 시각적으로 자유로웠으면 했다. 하지만 교수님께서 오브제들 사이에 요소가 많다고 하셔서 공간에서 불필요한 것들을 제외해 나갔다. 그러던 중 많은 오브제들이 들어가지 않아도 수직적인 요소들로만 가미해 공간을 풀어나갈 수 있다는 것을 알게 됐다.
_ 신인혜, 바른

루버 (louver)
얇은 판을 일직선 상에
동일 간격으로 배열한 것

[주목] 의 언어

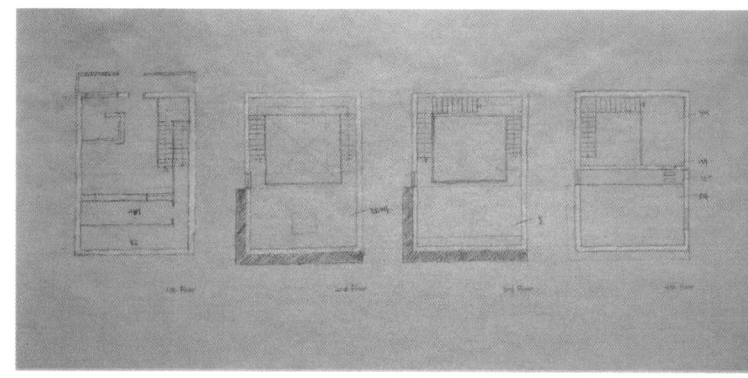

벼루와 먹이 크지 않은 형태를 가지고 있기 때문에 1층의 쇼윈도(show-window)와 같은 형태보다는 투박한 형태의 진열대가 작은 상품을 더 잘 보이게 할 거라 생각했다. 진열대 뒤쪽 벽면은 붓으로 그은 듯한 곡선의 형태가 벽면에 음각으로 하여 전체적으로 직선만 있어 딱딱해 보일 수 있는 공간을 부드럽게 풀어주는 역할을 하도록 했다. 전 층에 있는 쇼윈도를 포함한 진열대에는 콘셉트인 '이어지다'를 면과 선을 이용해서 담아내려고 했다.
_ 박민아, 文方四友

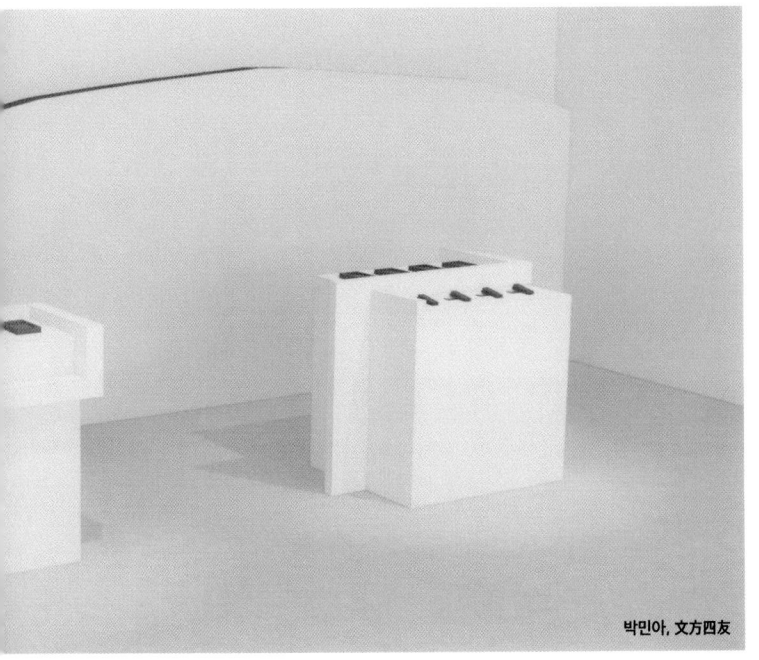

박민아, 文方四友

[시선] 의 언어

한 걸음, 그것이 지닌 의미를 담으려 했습니다.
수많은 걸음들이 모여 선을 이루기까지, 장면 하나하나에 공간이 품은 감성이 묻어나기를 바랐습니다.

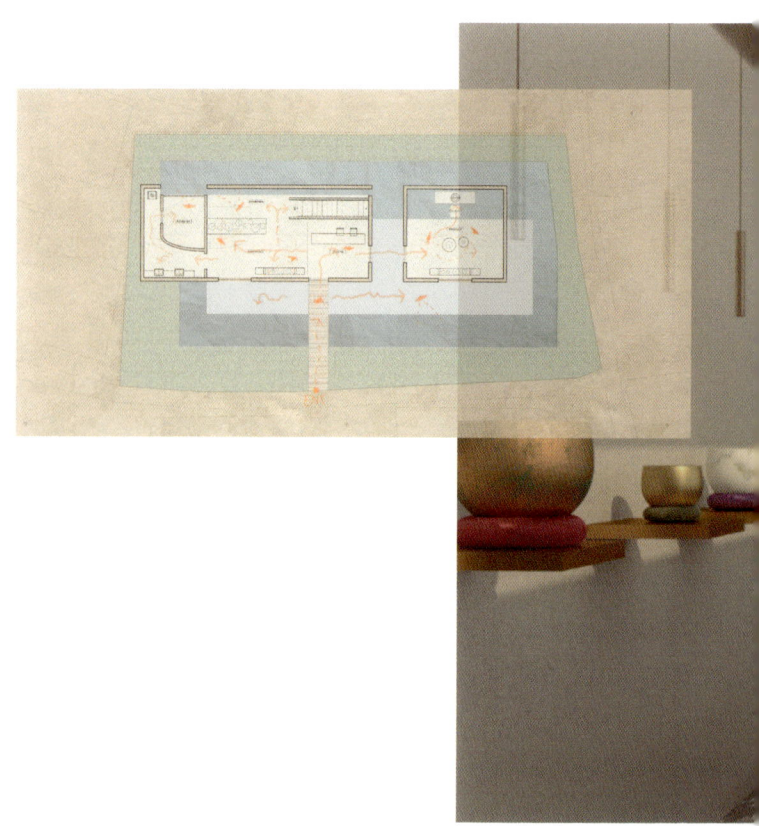

나에겐 발자취가 남긴 의미가 중요하다. 왜, 무엇을, 어떻게 느꼈는가. 이 모든 것이 그 '한 걸음'에 표현되기 때문이다. 그래서 평면에서는 공간의 구성과 사람들의 동선에 집중하기로 했다. 제품 체험 공간과 디스플레이 공간의 배치에 대해 고민을 하다가, 카운터와의 관계성을 중심으로 자연스러운 동선을 이끌어 낼 수 있는 배치를 선택했다. 동선이 꼬여있으면 그 공간의 장점마저 가려진다고 생각했기에 내린 결정이었다.

_ 김보나, Singing bowl

김보나, Singing bowl

[시선] 의 언어

의미 없는 사선으로 인해 동선의 혼란이 생기자, 처음으로 돌아가 조닝*부터 다시 해보기로 했다. 패션잡화를 섞어서 디스플레이 하는 것보다 층별로 카테고리를 나누는 것이 더욱 효율적일 거라고 생각했다. 그래서 1층은 의류 및 탈의실과 카운터로, 2층은 패션잡화 및 액세서리, 화장실, 그리고 상담공간을 두려 했다. 테라스를 겸하는 보이드 공간을 두어 자연스러운 동선을 유도하고, 디스플레이 공간의 분리로 제품에 집중할 수 있는 공간을 만들고자 한다.
_ 김희수, m.a+

주로 1층의 도면을 먼저 그리고, 1층과의 관계를 생각하여 다른 층을 올리거나 내리는 루틴을 가지고 있다. 이번에도 1층의 mass를 먼저 정하고 지하 평면을 잡았는데, 긴밀하고 복잡하게 얽혀있는 도면을 좋아하는 성향이라 지하공간에 대한 욕심이 컸다. 하지만 이번엔 공간도 작고 깔끔한 외관을 가졌기에, 조금은 절제하면서 단정한 평면으로 디자인하고 있다.
_ 이지현, ANTIQUE SHOP

김희수, m.a+

조닝 (zoning)
공간의 기능이나 역할에
따라 공간을 구획하는 방법

이지현, ANTIQUE SHOP

[시선] 의 언어

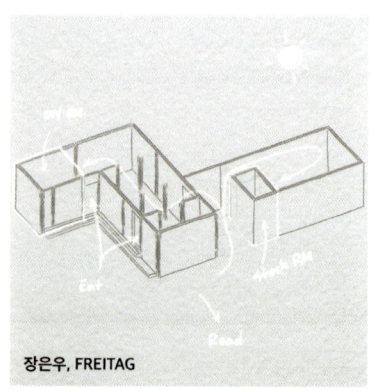

장은우, FREITAG

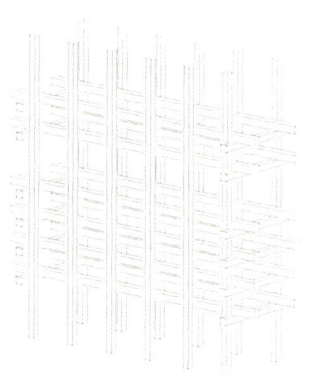

기존에는 두 개의 건물이 하나의 매스로 이어져 있었으나, 다양한 동선을 위해 두 공간의 연결부에 통로를 내어 매스를 분리했다. 매스 사이의 통로는 사람들의 발길을 이끌고, 오른쪽의 좁고 긴 통로를 통과하면 막힘없이 탁 트인 공간을 마주한다. 왼쪽 건물에는 기존 '온라인 DIY공방 서비스'의 오프라인용 공간을 배치, 한옥의 구조를 살리면서도 인더스트리얼하게 제품을 디스플레이한다.

_ 장은우, FREITAG

겨우 정해진 매스를 토대로 조닝을 시작했다. 내부는 크게 상업공간과 고객의 휴게공간으로 나뉜다. 그 외의 공간은 사람들의 동선으로 대부분 결정됐다. 카운터에서 창고로 가기에 적합한 동선, 고객들이 마음 편히 제품을 둘러볼 구조, 편안히 휴식할 공간, 그러면서도 밀도의 차이라는 콘셉트를 보여줄 요소들을 곳곳에 넣었다. 굵고, 반투명하고, 사이사이로 엿보이는 등의 요소들이 사람들이 공간을 둘러보며 재미있고 편안한 공간으로 생각하도록 유도했다.
_ 양찬희, LOOP

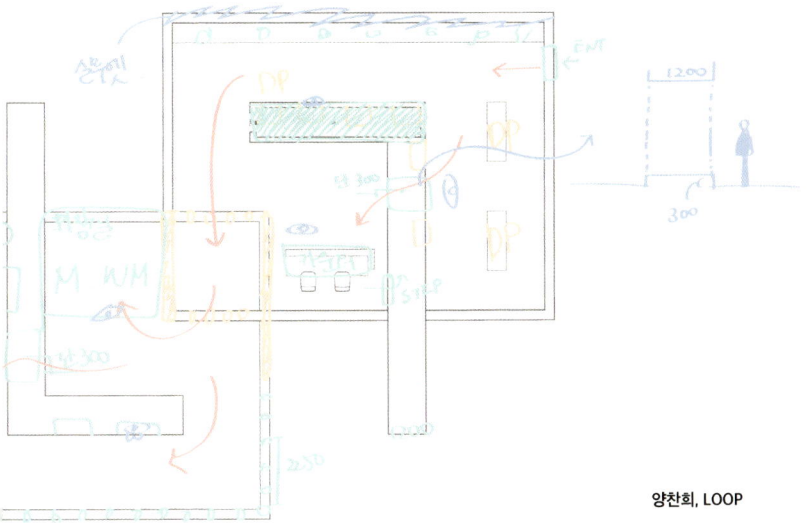

양찬희, LOOP

[방향] 의 언어

우리는 사람들에게 전하고자 하는 바를 각자 가지고 있습니다.
그들은 공간에서 저마다의 목적을 지니며, 그것에 맞춰 갈피를 정할 것입니다.

〈할머니들을 인권운동가이자 예술가로 재조명해 기억될 공간, 「마리몬드」〉 이 특성에 '시선이 달라지는 공간'이라는 콘셉트로, 공간에서 형태를 구상하는데 집중했다. 안팎에서 다른 것을 느끼도록 외부와 내부 공간을 풀어내려 했다. 외부는 깔끔하게 한 덩어리의 직사각형 형태, 내부는 가운데 계단과 이를 둘러싼 곡선의 벽체가 꽃봉오리를 형상화하도록 한다. 이 꽃봉오리 는 마리몬드와 할머니들을 나타낸다.

사이트는 앞, 뒤로 두 가지의 길이 있다. 이 길들은 단차가 있는데 건물의 두 가지 입구가 될 수 있다. 이를 활용해서 건물의 높이를 어느 층으로 들어오든 되돌아오는 동선이 되지 않도록 한 방향으로 흘러가게 구상했다. 사람들은 앞서 말한 벽체와 함께 계단을 오른다. 계단의 지붕은 자연광이 들어오게끔 하여 마리몬드를 나타낸 이 꽃봉오리에 희망을 불어넣는다.
_ 정유림, MARYMOND

공간이 너무 쪼개지지 않았으면 했다. 콘셉트에 따라 매스 스터디를 진행하고 보니, 매스가 자꾸 분할이 되어 미로처럼 느껴졌다. 내가 해석한 「LE LABO」는 다이내믹하지만 그리 화려한 이미지는 아니었다. '실험실'이라는 콘셉트에 맞게 긴 구조의 형태를 고집하고 있었으며, 클래식하면서 차분한 분위기를 조성하고 있었다. 이렇듯 콘셉트와 브랜드 간 조화를 맞추기 위해 고민이 많았었다.

긴 직사각형의 형태를 틀로 잡았기 때문에 매스의 변화는 크게 없었다. 평면도까지 마무리한 뒤 교수님께 컨펌을 받았는데, '내 공간에서 가장 중요한게 무엇이냐'고 물으셨다. 개인화와 독립된 공간이 겹치게 되어 생기는 공동 공간, 그것을 표현하기 위해 나타나야 할 '거리감'이 도면에는 없었다. 거리감. 제일 중요한 것을 간과했다는 걸 깨달았고, 매스 스터디부터 다시 해야겠다고 생각했다.

_ 장하은, LE LABO

[방향] 의 언어

장소로의 진입은 인접한 길과 땅의 형태에 의해서 만들어지는다고 보았다. 진입은 공간의 정서를 어떻게 시작할 것인지부터 고려해야 했다. '돌봄'이란 감각은 공간의 경계를 넘자마자 즉각적으로 느낄 수 있는 것이 아니라 '머무를 때' 느낄 수 있는 거라고 생각했다.

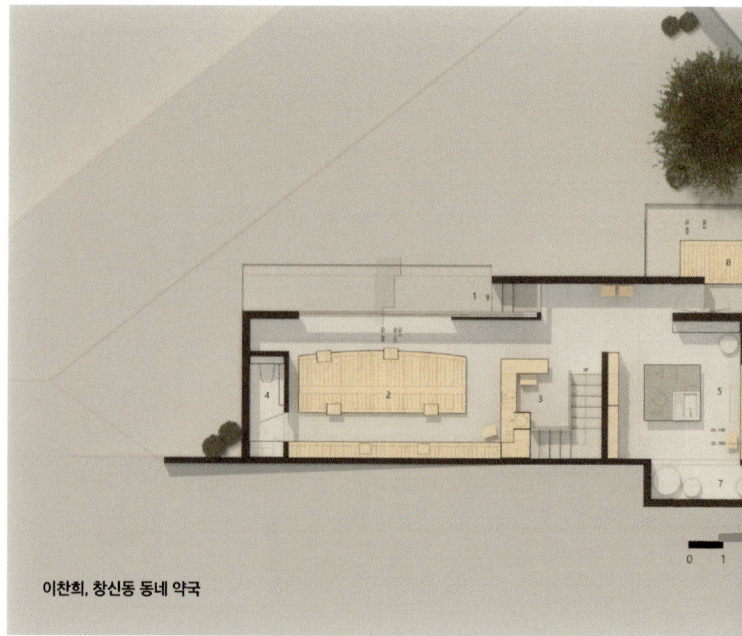

이찬희, 창신동 동네 약국

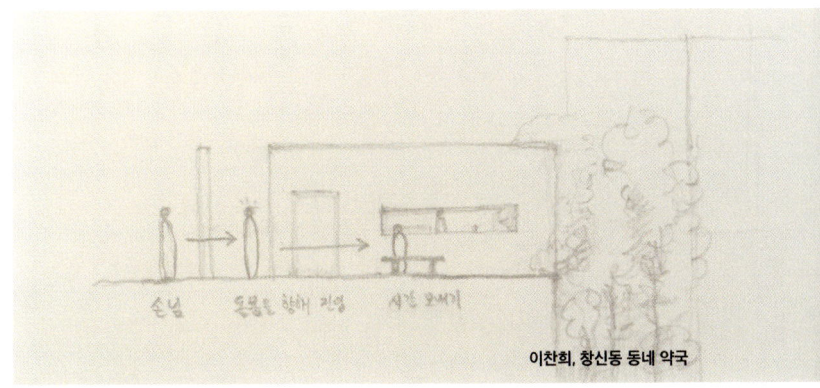

이찬희, 창신동 동네 약국

1층의 프로그램으로 약국과 약국의 기능을 보조하고, 돌봄이란 콘셉트로 다가갈 수 있는 시너지를 가진 공간을 계획하였다. 돌봄은 받침이라는 개념으로 풀어내었고 우리 몸이 공간에 닿는 일들과 관련이 된 것들에 디자인을 적용하였다.
_ 이찬희, 창신동 동네 약국

[방향] 의 언어

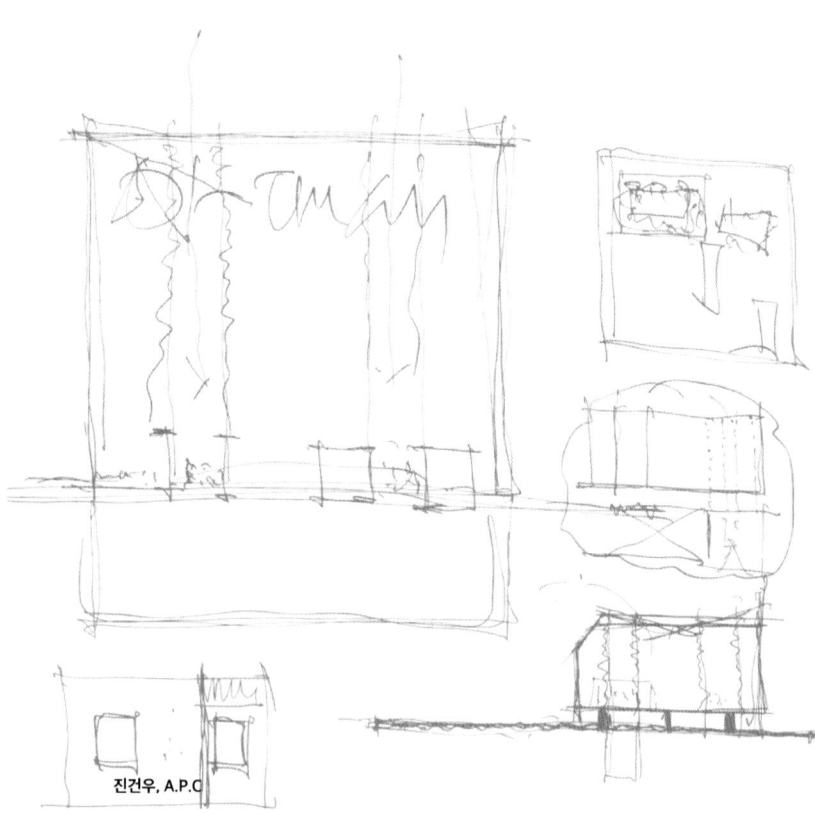

진건우, A.P.C

지붕에서 지하까지 연결되는 수직창이 코어를 이루며 전시, 피팅, 이동 공간으로 자연스러운 분리를 유도하고, 창이 적어 답답할 수 있는 공간에 숨구멍이 되어준다. 내부 수직창은 '버틀러 프로젝트'로 인한 지하의 소음을 올려보내는 울림통이 된다. 외부 수직창을 통한 자연적 요소의 유입은 지하 출입구의 모습을 계속 변화시킨다. 휴식 공간의 최소화로 동선을 꼭대기 층으로 유도, 'Rest Area'에서 한남동의 시간 흐름과 분위기를 제공한다.

B1층의 'Butler area'는 버틀러 프로젝트가 진행되는 곳으로 버틀러진을 위한 수선 작업이 진행되는 곳이다. 작업대 위 수직창에서 내려오는 빛이 작업대 위 바지들을 비추고, 작업의 소리는 수직창을 따라 위층으로 퍼져나간다.
_ 진건우, A.P.C.

가운데 프레임에 모듈을 임의로 배치해 보았다. 〈Nature, Aesop, Regionality〉이 세 가지를 통해 다양한 변화를 줄 수 있다. 자연을 담은 모듈을 통해 바닥 위치에 변화를 줄 수 있고, 높낮이의 변화로 다양한 공간감을 줄 수 있다. 「이솝」이란 브랜드는 제품을 반복적으로 배열하는 디스플레이로 표현하려 했고, 그래서 기둥 사이에 선반 등을 설치했다. 지역성은 그 변화를 직접 경험하고 느끼는 것으로써, 벤치를 두어 우리는 그 공간에서 쉬어 갈 수 있을 것이다.
_ 손채영, Aesop

[방향] 의 언어

콘셉트에 확신을 갖고 평면까지 끌고 갔었는데, 컨펌 이후 무너져 버렸다. 기존 진행해오던 도면은 내벽이 거의 존재하지 않고 파티션 정도로만 이루어져 있었는데, 이것에서 지적을 많이 받았다. 처음부터 접근을 달리하여 바꾸라는 피드백에, 조닝부터 차근차근 다시 생각하여 과도기적인 한 주를 보냈다. 기존에 있던 매스를 버리고, 벽을 쪼개고 모서리를 최소화하는 방식으로 '내부와 외부의 경계의 흐림'을 구현하는 방향성을 생각해보았다.
_ 최한비, LAKA

최한비, LAKA

이번 한 주 내내, 내 머리 속은 오로지 설계 생각으로만 가득 찼던 것 같다. 어느 날에는 아무리 잡고 있어도 문제가 해결되지 않아, 나 스스로에게 화가 나기도 했다. 오랫동안 잘 풀리지 않던 때에는 거장의 도면을 참고하기도 하고, 스케치와 캐드를 통해 수없이 많은 선을 그리고 지우기를 반복했었다. 그렇게 점차 완성되어가는 평면을 보았을 때, 스스로의 힘으로 해냈다는 것에 큰 보람을 느낄 수 있었다.
_ 이은지, DOWNTOWNER

〈세탁, 수선, 보관, 셀프 세탁, 카페, 판매〉 총 6가지의 역할을 하는 공간이 필요했다. 그중 세탁, 수선, 보관은 운영자가 관리하는 공간이고, 셀프 세탁, 카페, 판매가 소비자 중심으로 이루어지는 공간이다. 목적성이 강한 세탁 공간은 2층으로 올리고 유동성이 강한 셀프 세탁과 대기 공간을 1층에 두기로 했다. 나에게 이렇게 동선을 짜는 일은 그나마 쉬운 과제이다. 기능을 위주로 하는 일은 기능에 따라 근거와 결과가 확실하지만, 콘셉트 같은 과제는 개인의 역량에 따라 달라서 자신이 없다.

대지의 높이차가 약 5000mm(5m) 정도 나기 때문에 수직적으로 공간을 구성했고 계단을 건물 내부가 아닌 외부에 두어 마을 사람들이 지름길처럼 사용하도록 유도했다. 이를 통해 사람들이 마주치며 소통의 공간이 되려는 의도였다. 외부 계단을 동선의 중심축으로 설정하였고, 동선이 지저분해지지 않도록 이용하는 사람이 많은 카페 공간을 건물 상단에 두어 동선을 정리했다.
_ 장혜원, 세탁소

[summary.]

summary.

❶ **신인혜,** 절제됨 속에 감추어진 본능, 천연 염색의 틀을 허물다. ❷ **이선영,** 우리가 밟고 살아가는 가장 가까운 자연. 땅. 그 위에 파타고니아를 세우다.

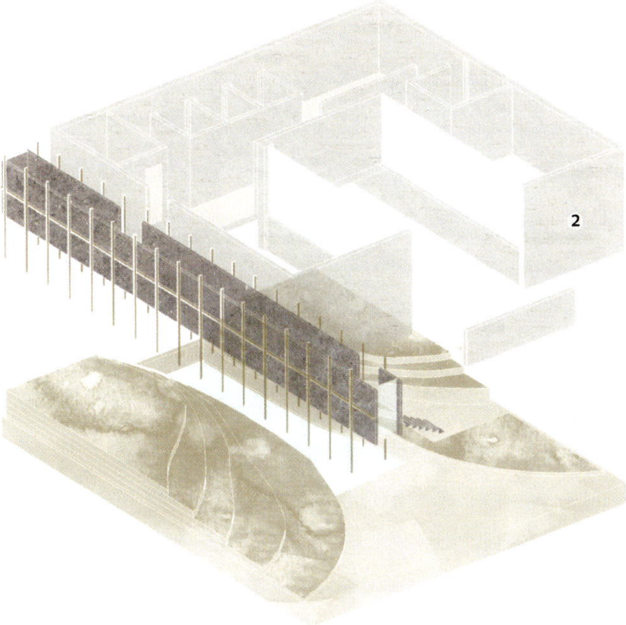

2

156 | 157

❶ **김윤형**, 제품들을 돋보이게 해주는 반사성 재료들의 다양한 결합으로, 사람들에게 자유로운 경험을 제공한다. ❷ **이은지17**, 어긋난 레이어 속에서 빛의 크기를 느끼다. ❸ **윤상규**, 빛의 농도에 따라 다르게 보이는 소재 ❹**김희수**, 시간의 흐름, 공간의 재료와 브랜드의 가치가 만나다. ❺**유정원**, 변화에 맞춰 도심속 자연을 벗삼은 소소한 공간을 들이다.

❶ **진건우**, 해지다. 오염되다. 다시 변화하다. ❷ **장준희**, 기존 수평의 디스플레이에서 새로운 수직의 공간을 제시하다. ❸ **이지현**, 비정형의 건물을 감싸는 폴리카보네이트는, 외부의 형태를 차분하게 잡아주면서 은은한 실루엣을 보여준다. ❹ **장하은**, 향기는 기억을 이끌어낸다.

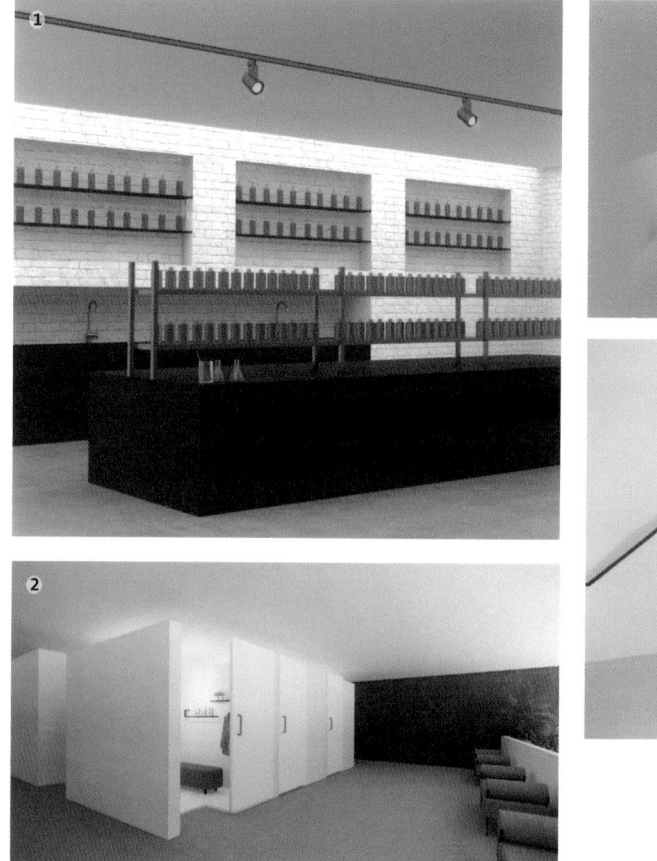

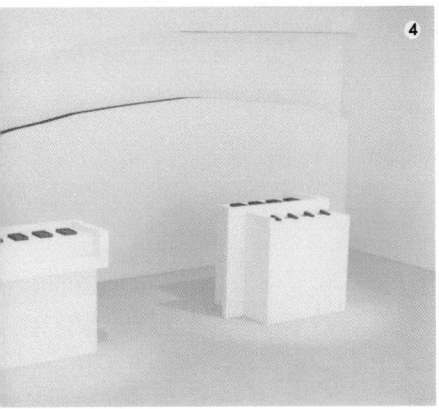

❶ **김희정,** 향에 관한 가장 개인적인 경험을 제공하여 브랜드의 정신을 고객에게 전달한다 ❷ **최세빈,** 환기, 외부와 내부의 경계를 허물다 ❸ **권병국,** 사람들은 기능을 넘어 감성을 원해 상품들이 오브제로서 존재하고 오브제는 여백을 동반한다. ❹ **박민아,** 과거는 현재와 이어진다. 이어짐을 담은 투박한 진열대는 작은 상품을 돋보이게 하고, 붓으로 그은듯한 벽면은 공간을 부드럽게 풀어준다.

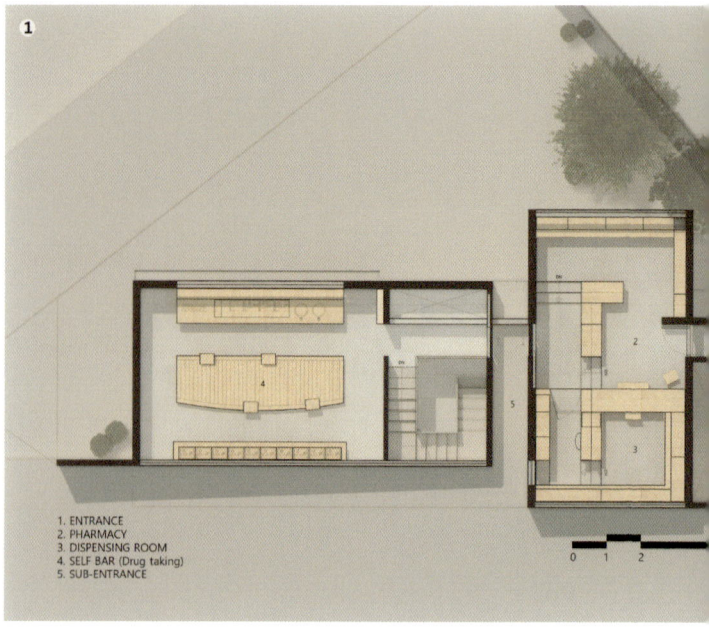

1. ENTRANCE
2. PHARMACY
3. DISPENSING ROOM
4. SELF BAR (Drug taking)
5. SUB-ENTRANCE

❶ **이찬희**, 언덕길 위, 쉬어 갈 수 있는 나무로 된 작은 턱 ❷ **이은지18**, 테이블을 홀로그램 아크릴로 만들어 소비자들이 아크릴을 좀 더 가깝게 관찰하도록 의도했다. 천장에 설치된 오브제가 조명에 반사되어 공간을 더 풍성하게 연출했다. ❸ **최한비**, 모두에게 가능성을 열어두는 백색. 다양한 질감들이 만나 어우러지는 아름다움은 각자의 개성들이 만나 이루어낸 우리들의 아름다움을 상징한다.

❶ **정재홍,** Marshall ❷ **손채영,** 내일을 위한 오늘, 그 이야기를 담는 공간 ❸ **손민우,** 경계의 연장, 그 너머로 손을 내밀다

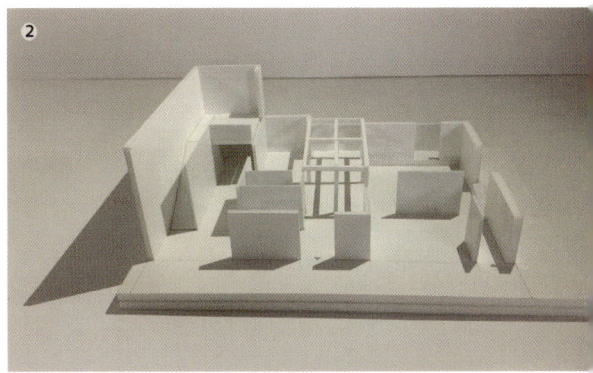
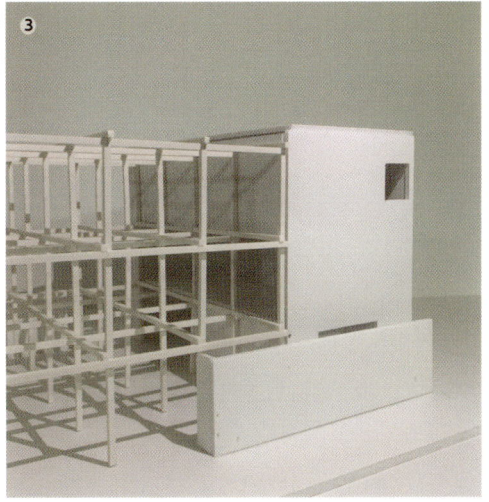

❶ **이주현**, 변화 되는 공간속에서의 사람과의 관계의 흐름을 재성립한다. ❷ **장유리**, 공간에 사용한 전통 재료는 이솝 브랜드 철학을 고스란히 느끼게 해준다. ❸ **장은우**, 과거의 흔적이 고스란히 새겨진 한옥 공간에 메탈 소재의 진열대를 배치해 인식의 변화를 일으킴으로써 프라이탁이 진정으로 추구하는 가치를 통설한다. ❹**한태민**, HEALIENCE ❺ **양찬희**, 환경에 대해 생각해보게 되는 곳. 밀도는 다르지만 본질은 같은 이 공간을 통해 친환경을 생각해보다.

❶ **정유림**, 기억을 상기시키는 벽. 틈 속에서 공간을 바라볼 때, 마리몬드와 전쟁과 여성인권박물관의 대비가 극대화된다. ❷ **전혜윤**, 단하의 공간으로 스며들다, 단하답게.

❶ **이교성**, 파라핀의 물성을 사용한 이 공간을 빛으로 채움으로써 브랜드의 철학과 그들의 가치관을 온전히 느낄 수 있다. ❷ **박교은**, 무형의 무언가가 깊고 옅게 퍼지는 영역 속에서 문학을 향유하다. ❸ **박유진**, 공간의 힘이 시간으로 맺어질 객실이다. 편히 머무른 동안의 감정은 광주요의 이미지로 깊이 기억된다. ❹ **남기훈**, 벽을 넘어, 천을 넘어 인기척을 느끼다. ❺ **신유근**, 려 : 몸

editors.

설계의 자리만으로 부족한 시간에 아카이빙 프로젝트를 병행하는 건 썩 내키지 않는 일입니다. 그만큼 모집부터, 출판 과정까지 많은 어려움이 있었습니다. 끝나지 않을 것만 같았던 이 험난한 여정의 끝점을 맺으며, 함께 걸어온 발걸음들을 소개합니다.

김준환 윤상규 박유진 이은지
양찬희 이지현 김보나

박유진 힘든 만큼 성장한다는 건 아프지만 부정할 수 없는 사실인 것 같다. 책 출판이라는 새로운 기회가 탐나 덜컥 디자인 총괄을 맡았다. 학기 중 개인 설계와 책 편집을 병행하는 건 생각보다 벅찼다. 감당할 것들이 많아질수록 어떤 힘이 흐려지기도 했다. 하지만 그 시간만큼 나는 많이 단단해졌다. 그 아픔을 겁내지 않고 새로운 길에 도전한 내게, 또 함께 한 편집위원들에게 감사할 뿐이다. 결코 가볍지 않은 시간을 내어 만든 책이니 좋은 시선으로 봐주었으면 좋겠다.

이은지 뒤늦게 편집팀에 합류하여 정신없는 설계와 함께 상황이 어떻게 흘러가는지도 모른 채 디자인에 뛰어들었다. 처음 해보는 책 편집에 어려운 점들도 많았지만, 그래도 짧은 기간동안 각자의 소중한 시간 내어 도와준 편집팀 덕분에 잘 끝낼 수 있었던 것 같다. 지도해주신 교수님들도 감사합니다!

윤상규 얼떨결에 맡아서 진행하게 된 편집팀을 하면서 글로서 사람들에게 전달하는 부분이 어렵다는 것을 느꼈다. 점점 페이지가 완성되며 느껴지는 안도감은 마치 클라이언트의 니즈를 충족시킨 것과 같은 느낌이라 나에게 칭찬하고 싶다.

이지현 길을 가다가 갑자기 과대님이 불러서 편집팀 일에 대해 상의했다. 자연스럽게 의견을 주고받고, 인원을 모집하고, 회의를 시작했는데, 사실 난 편집팀에 자원한 적이 없다. 어쩌다 보니 수백 개의 일지 앞에서 편집을 하고 있는 나는 짜증보다는 새로운 경험을 할 수 있는 기회를 만난 것 같아서 조금 재밌다.

양찬희 처음부터 끝까지 전부 정신없었던 것 같다. 초반엔 체계가 잡혀있지 않아 컴플레인이 많았고, 중반엔 편집팀 내부가 소란스러웠다. 어느 정도 체계가 잡혀서였을까. 중후반이 그나마 제일 편안했다. 후반엔.... 진짜 일만 했다. 끔찍했다. 학기 프로젝트랑 병행하느라 더 그랬다. 그래서 끝난 지금이 더 행복한 거 아닌가 싶다. 이젠 침대와 하나가 되기 위한 여정을 떠나려 한다. 마지막으로, 편집팀 모두 수고 많으셨어요.

김보나 분명 나는 신출귀몰한 칼퇴러였던 것 같은데, 어쩌다 보니 매일이 막차였다. 당분간 글은 보지 않을 것이다. 편집팀에서 일하며 하루 종일 문장만 보다 보니, 나중엔 종이와 글이 따로 놀더라. 글씨가 마치 공중제비를 하는 것 같았다. 그래도 함께하는 사람들이 좋아서 마냥 힘들지만은 않았다. 덕분에 웃으면서 잘 마무리할 수 있었다. 다들 정말 고맙고 고생 많았다. 이제 안녕. 졸릴 때 잘 자기를.

김준완 얼떨결에 시작하게 된 출판 작업이었지만 나름 좋은 경험이었던 것 같다. 내 인생에 언제 또 출판을 다 해보겠어. 다만 여유로운 한 학기를 생각하며, 유유자적한 삶을 즐기려고 했던 내 계획이 추석 시즌 어린 조카 눈에 포착된 프라모델 장식장 마냥 와르르 무너진 것은 조금 안타깝다.

교수 소개

이정욱 교수님 안은희 교수님 이길호 교수님 김 석 교수님

참여 학생

구민정 구동은 권병국 권소현 김보나 김윤형 김희수 김희정 남기훈
박교은 박민아 박서희 박유진 서민호 손민우 손채영 신유근 신인혜
양찬희 유정원 윤상규 이교성 이선영 이은지17 이은지18 이주현
이지현 이찬희 장유리 장은우 장준희 장하은 장혜원 전혜윤 정유림
정재홍 진건우 최석준 최세빈 최한비 한태민 허지영

공간의 빈칸

프로젝트 총괄 지 도 교 수	안은희
기획 편집 디자인 지 도 교 수	이길호

기획 · 진행	윤상규
편집 · 디자인 총괄	박유진
레이아웃 디자인	이은지
이미지 디자인	이지현
수집 · 교정	김보나 김준완 양찬희

아 카 이 브 편 집 자 문	김일석	
출판	E 5 A DESIGN 대표 김일석	www.esadesign.co.kr TEL. 010-2794-2237
인쇄	충주문화사 대표 원종환	서울특별시 중구 충무로 29 아시아미디어타워 302/602호 TEL. 02-529-7996
유통 · 판매	고성도서유통 대표 고형식	서울특별시 서초구 동산로19길 14 남영빌딩 TEL. 010-2794-2237

공간의 빈칸은 가천대학교 실내건축학과 3학년들의 순수 창작물이며,
정상적인 절차를 밟아 사용하기 위해 최선을 다했습니다.
일부 착오가 있거나 빠진 부분은 추후 저작권상의 문제가 발생할 경우,
절차에 따라 허가를 받고 협의를 진행하겠습니다.

E S A

2021년 2월 1일 1판 1쇄
ISBN 979-11-90066-19-8
가격 45,000원

© 2021 가천대학교 실내건축학과
무단 복제나 도용을 금지합니다.
이 책의 내용을 가천대학교 실내건축학과의 허가 없이
무단으로 재생산 및 사용할 수 없습니다.
이 책에는 네이버와 네이버문화재단에서 제공한
마루 부리 베타 버전 글꼴이 사용되었습니다.

Copyright © 2021 Gachon University Department of Interior Architeccture
All RIGHT RESERVED.
No Part of this book may be reproduced or utilized in any manner
without permission from Gachon University Department of Interior Architecture.
This book uses a beta version of the Marubi font
provided by Naver and the Naver Cultural Foundation.